U0901818

# 工作经不起等待

立刻行动，拒绝等待，才能克服懒惰；
马上行动，停止拖延，才能焕发激情；
率先行动，积极争取，才能抓住机遇；
保持行动，主动工作，才能拥抱成功。

唐 杨 木 森 冯立朴◎著

GONGZUO
JINGBUQI DENGDAI

别再等待，越等待只会越失败，马上行动，行动越快机会越多。
等待，流逝的是机会，增长的是年龄。

企业管理出版社
ENTERPRISE MANAGEMENT PUBLISHING HOUSE

**图书在版编目(CIP)数据**

工作经不起等待/唐杨,木森,冯立朴著. —北京:
企业管理出版社, 2013.10
ISBN 978-7-5164-0549-9

Ⅰ. ①工… Ⅱ. ①唐…②木…③冯… Ⅲ. ①成功心理—通俗读物
Ⅳ. ①B848.4-49

中国版本图书馆CIP数据核字(2013)第235225号

---

**书　　名**:工作经不起等待
**作　　者**:唐　杨　木　森　冯立朴
**责任编辑**:杜　敏
**书　　号**:ISBN 978-7-5164-0549-9
**出版发行**:企业管理出版社
**地　　址**:北京市海淀区紫竹院南路17号　　**邮编**:100048
**网　　址**:http://www.emph.cn
**电　　话**:总编室(010)68701719　发行部(010)68701816　编辑部(010)68414643
**电子信箱**:80147@sina.com
**印　　刷**:北京市德美印刷厂
**经　　销**:新华书店
**规　　格**:170毫米×240毫米　16开本　13.25印张　189千字
**版　　次**:2014年1月第1版　2014年1月第1次印刷
**定　　价**:32.00元

---

# 前言

工作中,有些事情真的不能等。

如果以一个比喻开始,那么等待就如同你停在了人生的道路上,裹足不前。你没有前进,亦没有后退,但却很难走向成功。你必须明白:加减法在这里不适用。多等待一分钟,你有可能会浪费十分钟,晚成功一个小时。你还有可能会错失良机,永远地与成功失之交臂,浪费一辈子。

所以,如果想在职场中闯出一片天地,你应该时刻记住一个道理:工作经不起等待。

还是先来"温习"一下有些人的口头禅吧!有很多话,你一定听过,或者你根本就曾经常常说过:

"明天我就开始学习,今天先好好放松一下!"

"这项工作有些难度,还是先缓缓再说吧!"

"我这么努力,还是失败了,等等再说吧!"

……

这样的等待看似合情合理,似乎更像是一个缓冲,可以让你在刻苦学习之前先轻松一下,在如山困难面前先休息一下,在灰色挫折面前先恢复一下。如此一来,在做后面工作的时候,你肯定会更有力气,能够做得更好。果真是这样的吗?

如果,你真的做到了在休息一天后认真地学习,那么这样的等待,也不算是一种过错。劳逸结合,是哲人们提出的最合理的学习工作方式。但问题是,你真的能做到这样吗?为什么人在睡懒觉的时候,会越睡越想睡?为什么人越寻思挫折,会越害怕?道理很简单:人永远都摆脱不了惯性的纠缠。苹果在落向地面的时候,速度会越来越快;人在等待的时候,会跌入一个恶性旋涡,越陷越深。人生经不起等待,工作经不起等待,别让等待给你留下太多的遗憾和悔恨。

有句俗语说得很好:人生不售回程票,失去的永远不会再有。你错过了今年今天今时今刻,那么,这一刻将永远不会再出现。如果这一刻本该是一个节点,是一个机遇,是一个开始,可是你却因为等待而错过了,那么,所有本应该属于你的东西,将不复存在。上帝给你指明了前进的方向,但同时也在路上给你设置了重重陷阱,而等待,恰恰就是其中最能迷惑人心的一条岔道。走进去,你将陷入黑暗的深渊。亲爱的朋友,这不是危言耸听,等待往往会给你带来难以想象的危害。

或许你曾经激情四射,但在不经意的等待中,激情之火却悄然暗淡;或许你曾经自信满满,睥睨世界毫不畏惧,但在不经意的等待中,自信慢慢发生了质变,成为了懦弱;或许你曾经学富五车、技术一流,但在不经意的等待中,你的技能无可奈何地成为了过时“产品”;或许,一次成功的机遇缓缓地从你身边经过,但是在不经意的等待中,你失去了那个机遇,也失去了成功的希望……等待的坏习惯,永远都像是一只饕餮猛兽,张大了口守在你的身边。

人生就像是一次长途旅行,沿途总会有许许多多的岔道和坎坷,让你迷茫让你徘徊让你害怕让你畏惧。每每这个时候,你需要慎重考虑,但却不要一味等待。因为等待,往往不会带来你想要的结果,而会带给你太多的困扰。

从这本书里,你将真正地了解等待,了解工作中等待带来的危害,也会读懂绕开这些危害的方法。

# 目　录
Contents

## 第一章　珍惜工作，工作经不起一等再等

时光在流逝，生命在前行，人生从来不售回程票，失去便永远难以追回。在人生的旅途中，我们有没有因为等待而错过了美丽的风景？如果有，那么请慎重，人生经不起等待！大多数人的人生，将会有三分之二的时间在工作中度过，所以对于我们来说，工作是人生最为重要的一段路程。在这段路上，走得好，我们将会走到灿烂的明天；走得不好，暗淡的明天将会在前面等着我们。那么，怎样才能走好这段路程？很简单：拿出正确的态度，珍惜工作，莫再等待。工作，经不起一等再等。



## 第二章　激情工作，莫让热情在等待中暗淡

美国西点军校戴维·格立森将军说：“想要获得这个世界上的最大奖赏，你必须拥有过去最伟大的开拓者所拥有的梦想，并将之转化为现实的献身热情，以此来发展和展示自己的才能。”在现代生活里，热情不仅是促进团队合作的润滑剂，更是个人品质的表现。最重要的是，热情可以使人释放出潜在的能量，使人更加高效、更加轻松地完成手中的工作。热情就像是熊熊燃烧的火焰，只要火焰不熄，水就永远是热的。但是，热情却有一个天敌，那就是

等待。因为,在等待中,热情之火总会慢慢暗淡。



## 第三章 自信工作,莫让自信在等待中沉睡

一个人要想成功,不仅仅需要非凡的才干,还需要强烈的自信。何谓自信?简言之,自信就是自己相信自己。自信是人对自身力量的一种确信,是个人对自己所做各种准备的感性评估。这种对自己充分肯定的积极心态,是战胜困难取得成功的能源力量。一个人拥有自信,就可以从平常走向辉煌;可以从绝望看到希望;从暗淡走向光明;从眼前走到更远的地方。自信是一个人成功的基石,任何人想要得到成功,都必须拥有自信。可是,现在我们还有自信吗?我们的自信,是否已经沉睡在了等待中?



## 第四章 提升自我,莫让才能在等待中变成"无能"

诗人歌德曾经说过:"人不光是靠他生来就拥有的一切,而要靠他从学习中所得到的一切来造就自己。"一个简单的事实,从诗人口中娓娓道来:学习方能成就自我。人的一生,就像是一个永远无法装满的容器,无论怎样注入新鲜血液,也无法有满的一天。倘若有一天,我们觉得自己"满"了,那么很遗

憾，这表示我们已然成为一个鼠目寸光的可怜虫。就算穷其一生，我们也不会有“满”的一天。“学海无涯”，何来有满？既然这样，那么，我们又为什么要等待、要止步不前而不肯继续学习提升自我？等待下去，我们所拥有的才能，将会变得烟消云散。



## 第五章 紧抓机遇，莫让机遇在等待中变成遗憾

大多数情况下，机遇是没有规律的，它总是在不经意间来到我们身边。有句谚语是这样说的：到机遇向你微笑时，赶快拥抱它。是的，当机遇到来的时候，我们应该主动起来，拥抱它。如果不养成良好的习惯，就算把宝石送到我们面前，我们也可能让其从手边溜走。我们出击了吗？行动了吗？诗人雪莱说得好：“人不能创造机遇，但是他却可以抓住那些已经出现的机遇。”所以，无论机遇是在中午还是在半夜敲响我们的大门时，我们都应该拿出行动，紧抓机遇。记得，莫等待，在等待中，机遇是会溜走的！



## 第六章 主动工作，莫让主动在等待中变成被动

18 世纪美国最伟大的科学家和发明家富兰克林有句话是这么说的：“你要

追求工作，别让工作追求你。"他其实是想要告诫我们，一定要搞清楚工作中的主从关系，我们要做工作的主人，而非让工作做我们的主人。做工作的主人，那就要奔跑在工作的前面，引领着工作进入正确的航道；工作做我们的主人，工作在前我们在后，那就变成了工作拖着我们跑。这两种工作方式，孰优孰劣，可想而知；效果孰好孰坏，不言自明。所以，如果我们现在还在被动地跟着工作跑，那就赶快调整吧！我们需要主动工作，莫要等待！



## 第七章 挑战困难，莫让困难在等待中积成大山

职场中，困难如草，随处可见。也许拔掉一棵草并不会太难，但在很多时候，那些困难之草顽强的生命力令人咂舌：它们太顽强了。消灭一个困难，又来一个困难；消灭两个困难，再来一堆困难。有很多人面对众多困难，或者是难以解决的困难，往往采取了等待观望的方式。他们以为，在等待中，困难之草也许会进入冬季，枯萎凋零。不可能！等待，只会让困难爬进我们背上的行囊，越来越多。当困难在我们背上积成大山的时候，我们将无法呼吸。记得：解决困难的唯一方法，就是走上前去，挑战困难。



## 第八章 真诚相处，莫让友情在等待中冷却

友情是冬日室内一盆烧得旺旺的炭火，和朋友走在一起，我们会感觉到

温暖,享受到惬意。友情是雨过天晴后初露的艳阳,明媚、和煦,让人舒服。不管我们心头是铅云沉沉、痛楚孤独,还是云淡风清、安详悠闲,都不会拒绝友情的恩泽。生活中的每一个人,都离不开友情的拂照。可是,要怎样才能永远让友谊之火熊熊燃烧?一句话:真诚相处。真诚是金,我们的真诚,朋友看得到。所以,永远不要吝啬,拿出真诚,换来友情。我们还在等什么,再等待下去,友情之火会冷却下来的。



## 第九章 切莫等待,否则你的梦想将会成为幻想

每一个人,都有着属于自己的梦想。每一个人的梦想,都是伟大的、幸福的、遥远的。梦想,是我们一直想去的地方,它站在我们的前方,闪闪发光。那么,我们怎么才能实现梦想?一千个人,有一千种做法,但是无论如何,我们不能等待。我们可以慢慢走向梦想,也可以飞快地奔向梦想,可是一旦停止了前进的脚步,梦想就只能变成幻想,永远遥不可及。不要再等待了,你应该及时行动起来。

# 第一章

# 珍惜工作，工作经不起一等再等

时光在流逝，生命在前行，人生从来不售回程票，失去便永远难以追回。在人生的旅途中，我们有没有因为等待而错过了美丽的风景？如果有，那么请慎重，人生经不起等待！大多数人的人生，将会有三分之二的时间在工作中度过，所以对于我们来说，工作是人生最为重要的一段路程。在这段路上，走得好，我们将会走到灿烂的明天；走得不好，暗淡的明天将会在前面等着我们。那么，怎样才能走好这段路程？很简单：拿出正确的态度，珍惜工作，莫再等待。工作，经不起一等再等。

# 1. 明日复明日，明日“不算多”

瑞典有句格言是这样说的：“我们老得太快，却聪明得太迟。”什么意思？不用煞费脑筋苦思冥想，我们完全可以从生活中，从自己身上找到这句话的答案。想想看，我们有没有这样对自己说：从下周开始，我要锻炼身体，这身体是越来越差了。可是，一个“下周”过去了，再一个“下周”也过去了，周而复始，我们却始终没有行动。我们似乎在等待，想等着自己的身体自行好起来。直到有一天，当疾病缠身的时候，我们才追悔莫及：我真笨，为什么不早点儿锻炼身体呢？如果能够早点儿锻炼身体，也不至于如此啊！在那一刻，我们是聪明了，但是这个聪明，却跑到了时间的后面，来得太迟。

现在，我们理解那句格言的意思了吗？很多事情，当我们“聪明”地发现应该怎样怎样去做时，往往已经太迟了，是等待，让我们错过了做这件事的最佳时间。明代文嘉在《明日歌》中唱道：“明日复明日，明日何其多。我生待明日，万事成蹉跎。”他意在劝诫人们：要珍惜时间，莫要在等待中虚度光阴。其实他所想表达的意思，和那句瑞典格言一样，都是不要用等待，浪费了时光，浪费了生命。

但是在生活中，却恰恰有很多人不这样想，他们会想当然地认为：“明日复明日，明日何其多。”他们会想：今天做不完，还有明天呢！一个明天接着一个明天，明天有很多的，怕什么啊！正是因为有了这种想法，他们开始等待。在工作中，他们总是在等待机遇的到来，认为机遇总有一天会砸到自己的脑袋上，能够使自己一飞冲天；在生活里，他们也总是在等待，

总觉得现在给爱人买花太浪费，想要等到下次有钱的时候再买。结果呢？机遇来了又走了，而他们的爱人，在生命的尽头，却享受到了用鲜花布置的灵堂。

在工作和生活中，这样的例子屡见不鲜。是他们太愚蠢了吗？不是！他们都很聪明，只是，只是他们看错了，错以为明天还有很多，等待下去，终会等来想要的结果。这，是他们犯的一个致命的错误。明天还有很多吗？明天其实一点儿也不多。如果总是习惯等待下去，那么生活留给我们的，将是无尽的遗憾。

有这样一则寓言：

在一个池塘边上，住着一只蟋蟀。这只蟋蟀个子虽小，但歌声很棒。于是，它每天都要站在一块大石头上唱歌。

夏天，烈日炎炎。一天，这只蟋蟀正站在那块大石头上唱歌的时候，一只青蛙跳到了它的身边，对它说："兄弟，现在夏天是食物最丰富的时候，你应该准备一下过冬的粮食了，不然冬天的时候吃什么？"

蟋蟀暂停了它的歌唱，摇摇头对青蛙说："冬天还早呢，不用这么着急！再等等吧！秋天的时候，食物一样很丰富！"说完它又开始唱歌，不再理青蛙了。

秋天，凉风习习。这只蟋蟀还站在石头上唱歌，歌声悠远而嘹亮。一天，一只猫头鹰飞来了，对它说："蟋蟀老弟，歇歇吧！冬天快到了，你应该准备过冬的食物了！"

蟋蟀停下唱歌，不紧不慢地说："原来你也是为此事而来的呀！夏天的时候，青蛙已经提醒过我了！不着急，秋天时间那么长，冬天还早呢！"

猫头鹰很惊讶："时间还很长吗？你应该准备食物了！现在去做还来得及，如果等到天气变冷了，可就晚了！到时候，你后悔也来不及了！"

唱歌正在兴头上被打断，蟋蟀很不高兴。它非常生气，对猫头鹰说："去去去！别来烦我，你该干吗干吗，做你自己的事情去吧！"说完不理会一旁目瞪口呆的猫头鹰，继续唱起了自己的歌。

天气一天比一天凉，蟋蟀有时候也会想到准备过冬粮食的事情。可是，它却总会这样对自己说："不着急，再等等，准备粮食要不了很长时间，过几天我再开始准备。"可是，它所设想的"过几天"，始终没有来，来的是冬天。

当寒风瑟瑟，万物凋零的时候，蟋蟀才想起要准备粮食。它匆匆忙忙地跑去找食物，可是这么冷的天气，哪里有食物呢？池塘边，连一颗果子都找不到。这个时候，它才开始后悔当初没有听青蛙和猫头鹰的话，没有珍惜时间去储存粮食。但是，世界上没有后悔药，它又冷又饿，很快在叹息中冻死了。

不珍惜时间，等待，让蟋蟀走向了死亡。我们在为故事里的小蟋蟀感到可悲的时候，可曾想过：自己是否这样做过？很多人都这样做过，他们总以为时间还有很多，好运还在后面，再等等也不妨。可是时间真的很多吗？不要忘记了，人的一生，时间是有限的。错过了今天，将再也不会有今天；错过了明天，明天将只能成为历史；错过了机会，机会就只能离我们远去。而等待，却恰好开垦了一块滋生"错过"的土壤。想想看，因为等待，我们错过了多少东西？无法想象，也不敢想象。所以，我们千万不要像那只蟋蟀一样，因为"等待"而失去了一切。

明日复明日，明日不算多。挥霍掉一个"明日"，那么我们的生命里就会少一个"明日"。所以，无论做什么事情，不要总是等待着明天。我们一定要记得：明天有明天的事情，做好今天的事情，不要等待明天。为什么要等待？明天有明天的事情，或许等待一天，结果就会完全不同。不要等待，人生经不起等待。我们没有那么多资本可以让自己在等待中挥霍。

你还在等待明天吗？如果你真的以为明天还有很多的话，那不妨继续等待。等到有一天，当被生活狠狠地甩在后面的时候，你就会幡然醒悟：人生没有很多的明天，越等待，越落后。所以，对于我们来说，一定要学会珍惜时间，不要在等待中浪费了自己宝贵的生命。我们还要等待明天吗？不！我们不要再等待明天！我们要学会从现在开始，珍惜时间，抓紧身边的一切，行动起来。只有这样，我们才能在竞争激烈的现代社会中生存；也只有这样，我们才能赢在职场。

## 2. 成功是追求来的，不是等来的

职场是片大林子，里面的人形形色色，千姿百态。可以说，在职场里，什么样的人都有。简单区分一下，无非也就三大类：成功者、失败者和平庸者。平庸者介于成功者和失败者之间，他们是职场中数量最多的一个群体。我们都在生活里打拼，游走于职场江湖，所以也就见惯了衣衫鲜亮的成功者、无精打采的失败者以及默默无闻的平常人。问题来了：大家一同混迹于职场江湖？为什么会出现这么大的不同？为什么有人成功，有人平庸，有人甚至会失败。

为什么，人与人之间会如此的不同？

造成人与人之间不同的原因有很多，也许是因为个人能力问题，也许是因为学历高低不同，也许是因为家庭背景不同，也许是因为时运不同……但是，在考虑这些方方面面的原因时，我们有没有想过：最重要的原因在什么地方？最重要的原因不在外，而在内。没错，是面对工作的不同态度，造成了人与人之间的不同。两个人一同走在路上，其中一个人争分夺秒地向前奔跑，打算以最快的速度到达终点；而另外一个人，则不紧不慢地向前走，还时不时停下来歇一会儿，他觉得时间充足，早晚都能到达终点。那么请问：哪一个人能更快地取得成功？答案毋庸置疑！这是态度问题，我们等待工作，不珍惜时间，那么就会从时间上被淘汰，被工作摈弃；我们珍惜时间，珍惜工作，那么就能把握主动，赢得成功。

有一次，有位年轻人来请教成功人士周先生一些问题。周先生白手起家，从销售做起，一步步走到今天，有了自己的上市公司。所以，很多年轻人渴望知道他成功的秘密，这位年轻人也是如此。这位年轻人曾经以优秀的成绩毕业于国内一所知名大学，前途自然不可限量。毕业后，他信心十足地进入销售这个领域，本以为能做得顺风顺水，但实际上，在工作中他却遭受了极大的挫折。

他很焦急地请教道："周先生，你能不能坦白告诉我，我到底是不是天生做销售员的料？为什么我感觉做销售这么难呢？"

周先生回答说："不是！你不是天生做销售员的材料。"

这位年轻人神色黯然。但是，周先生接下来的话，却让他又眼前一亮。周先生接着说："不只是你，没有人天生是做销售员的材料，或者天生就适合做什么工作。包括原一平，他也不是天生就会做销售！我认为，我们想要做什么，能做什么，都是由我们自己做主的。我们只要想做，努力去做，就会取得成功。"

年轻人迷惑了："我不太理解！我想要做销售，也想做好一名销售员。可是，为什么我每天辛辛苦苦，却总没有什么业绩呢？难道是我没有掌握到什么做销售的秘诀吗？"

周先生没有回答年轻人的问题，而是和他随意聊了起来。通过谈话，他了解到年轻人的作息时间和工作概况。他对年轻人说："通过刚才的交流，我找到了你业绩不理想的原因。第一，你每天早上七点半起床；第二，你和所有的客户都只谈一次。就是这两点，使你无法走向成功。"

看着年轻人一脸的迷惑，周先生继续说："你可以试试每天早上五点钟起床……"

没等周先生说完，年轻人惊讶地问道："五点钟，太早了吧？我从来没有五点钟起床过！这很难啊，而且根本无法保证充足的睡眠！"

周先生笑了："如今，睡懒觉而长寿的人少之又少，因此而成功者更不可能。如果你总是等着自己睡到自然醒来，那么你就会比别人少几个钟头的奋斗时间。我曾经试着把闹钟调早了两个小时，然后发现自己读书思考的时间突然多了许多。如果你晚上十点钟睡觉，早上五点起床的话，这将是一个健康的作息时间。所以，不要等待着睡好了自然醒来，要学会驾驭时间。"

"另外，你无法成功的另外一个原因，是和所有的客户都只

谈一次。你是在等待吗？等待客户在想要购买你的产品时，打电话给你？即便是他们想买，也不会打电话给你，因为会有别的销售员找到他们。做销售不能等待，要学会主动出击，尽量多去联系他们，不要天真地以为一次电话就可以等来客户。”

“所以，你的不成功，不是因为你不适合做销售，而是因为你习惯了等待，没有学会主动出击。你等待时间，不会与时间赛跑；你等待客户，希望他们能主动找到你。这样的等待，使你困守在原地，难以成功。其实，大多数没有取得成功的人，都有着和你一样的习惯。记住，成功不是等来的，而是争取来的。”

年轻人恍然大悟：原来是等待影响了自己走向成功。

为什么人与人之间会不一样？成功与失败的根源在哪里？别人在追着时间跑，我们在等待中慢慢消耗时间；别人主动联系客户，我们等着客户联系我们；别人主动学习以提升自己的能力，我们等着自己慢慢成长；别人紧紧抓住身边的每一个机遇，而我们却一直仰头看天，等待着机遇落下来，砸到自己头上。如此，人与人之间不一样的地方出现了：有些人升了起来，取得了成功；而有些人则落了下来，走向了失败。人和人之间之所以不一样，主要的原因还是在自己身上。

在很多时候，我们看着别人成功，自己唉声叹气：为什么，我没有取得成功呢？没有像他们一样，衣衫鲜亮、趾高气扬呢？我们总是把寻找原因的目光放在外面，觉得是自己能力差，是自己学历低造成的。其实，我们应该学会内视，从自己身上找原因。我们要先问问自己：我是在等待工作，还是驾驭了工作？那些成功人士之所以会成功，是因为他们驾驭了工作。所以，不要试图去等待工作，工作经不起等待。要想和别人“不一样”，取得自己的成功，我们就一定要在工作中主动起来。

# 3.算好时间账,决不浪费有限的工作时间

细心的人,大多都会理财。每个月收入多少钱,花多少钱,怎样用这些钱,他们都能做到心中有数。在心里,他们都有一笔账,把这些记得清清楚楚。那么,在工作中,我们有没有给工作算笔账?

一项工作,正常做完需要多长时间,实际上我们用了多少时间;一项技术,我们多久应该学习,实际上超出了多少时间;在一天之中,我们应该找到多少个客户,实际上找到了多少……这些,我们都认真去计算了吗?这笔账不能不算,因为它关系到我们能否成功。所以,静下心来,我们要学习给工作算笔账。

某项工作正常一个小时应该做完,可是我们却用了两个小时。这个时候,我们就应该去算算,那多出来的一个小时,我们都做什么了。这样一算,我们就想起来了,原来那一个小时,我们在发呆,在静静等待时间的流逝。某项技术,原本一天可以学会,但是我们却足足用了三天。这个时候,我们也要去算算,多出来的那两天时间,我们都做什么了。原来,那两天,我们上网玩游戏去了。这样一算,我们会得出一个很可怕的结论:原来工作中的很多时间,都被我们在等待中挥霍了。

这很可怕,原本只需要五年我们就可以成功,但是现在却足足需要十年。因为不珍惜时间,因为等待,我们硬是挥霍了自己人生中最宝贵的五年。人生有多少个五年可供我们挥霍?没有多少!这是一笔触目惊心的账,不算不知道,一算吓一跳。那么我们还敢不珍惜时间,用等待消耗自己的工作,消耗自己的人生吗?如果那样做了,我们将永远走在后面。

盛田昭夫说:“如果你每天落后别人半步,一年之后就是一百八十三步,十年之后即十万八千里。”著名管理大师杜拉克说:“不能管理时间,便什么也不能管理。”时间是世界上最短缺的资源,除非严加管理,否则就会

一事无成。给工作算算账，就是要让我们珍惜时间，莫在等待中浪费了时间。一味地等待，会拉长我们固有的时间，减短我们的生命。所以，我们要学会给工作算笔账，时刻告诉自己：莫等待，要珍惜时间。

有一位老和尚下山云游时，在山路上遇到一个蓬头垢面、衣衫褴褛、精神萎靡、拎着个酒瓶的年轻人。这年轻人一步三晃，蹒蹒跚跚地向他走来。

老和尚上前问道："小施主，你为何这般狼狈？发生什么事了吗？"

年轻人无精打采地回答说："老和尚，你难道没有看见吗？我现在已经是碰得头破血流、四面楚歌、身无分文了。我用最后的钱买了这瓶酒，准备去找个没人的地方喝完酒，就结束自己的生命。我的人生走到了绝境，自然狼狈了。你莫挡道，我要走了。"

老和尚说："阿弥陀佛！老纳没有看到你头破血流，也没听到哪里四面楚歌啊！我只看到了一件事，那就是你正一步步远离那本该属于你的财富。唉！老纳实在为你感到可惜啊！"

年轻人双眼一瞪，不满地大声说道："老和尚，你这样做可不对了啊！出家人不打诳语，你明明知道我穷得叮当响还来取笑我，难道就不怕佛祖怪罪于你吗？我知道你想劝我，没有用！快让开吧！也许来世投胎，我能做个富人。"

老和尚一边闪身让开，一边叹道："小施主，真是太可惜了！我没有想到你居然如此执迷不悟，老纳也不想多说了，你好自为之吧！阿弥陀佛，只是可惜了你那么大一笔财富！"

听到老和尚说得如此肯定，年轻人犹豫了。他不由得停下脚步，问老和尚："你既然知道我有一大笔财富，为什么不拿走呢？你这样来告诉我，是什么目的？"

老和尚叹了口气，说："实不相瞒，在出家前，老纳也曾有过你这样一大笔财富。只是，我没有珍惜它，让它从我身边悄悄溜走了。我是不忍心看着你重蹈我的覆辙，所以才想告诉你。至于信与不信，也都由你。"

听了老和尚的话，年轻人半信半疑，说："真有这样的好事？那你快告诉我，我的财富在哪里呢？是真是假，一看便知。"

老和尚缓缓地对他说："不要着急，你的财富看不见，摸不着。但是，它却和你形影不离。一不留神，它就会悄悄地从你身边溜走。如果有一天，它在你身边彻底溜走了，你的生命也就走到了尽头。"

老和尚说得神秘，更引起了年轻人的兴趣，他恳求道："大师，您说得有点儿玄，我听不明白。别绕弯子了，您还是直截了当地告诉我吧！"

老和尚没有告诉年轻人答案，而是飘然下山。走时他对年轻人说了一句话："小施主，你就慢慢悟吧！如果悟到了，你会脱胎换骨，受用一世！悟不到，那只能是你命该如此，无须强求。阿弥陀佛！"

年轻人站在原地苦思冥想，他望着老和尚慢慢远去的背影，仔细咀嚼刚才的话。突然，他一把扔掉手里的酒瓶，大声喊道："我明白了！是时间！大师说的财富就是时间啊！我不是什么都没有，我还有的是时间啊！我还这么年轻，只要珍惜时间，不浪费时间，好好利用时间，那么一切皆有可能。为什么要走上绝路呢？我算来算去，却恰恰忘记了自己的这笔财富！"

年轻人一阵大笑，他记住了老和尚的教导，从绝望中走了出来。从这以后，他珍惜自己所拥有的时间，把每一分每一秒都利用了起来，终于走出困境，过上了好日子。

其实，我们给自己的工作算笔账，算的最多的就是时间。时间就像流水，我们蹲在水边，稍一犹豫，稍一等待，就会有太多的时间随之流去，一去不返。所以，通过算这笔账，我们发现了：不能等待，要跑在时间前面，这样，我们才能更加精确地抓住每一秒的时间，并且将其利用起来。原本需要一个小时才能做完的工作，我们为什么不用四十分钟做完？如果拿出"账本"仔细一算，我们就会发现：这完全可以。所以，能不能更快地取得成功，走向胜利，就在于我们这笔账如何去算。而这笔账的关键，是不能等待。是啊！倘若等待，那么还能用什么方法才能抓住时间？没有任何方法！

所以，当我们做不好自己的工作，觉得时间不够用的时候，不妨静下心来，给工作算笔账。看着这笔账，我们要告诉自己：莫等待，从现在开始，珍惜自己的时间！

## 4. 拒绝拖延，拖延只会让你远离成功

本杰明·富兰克林说：“千万不要把今天能做的事留到明天。”人们习惯于做事总是往后拖延一步，总愿意在行动之前先要让自己享受一下最后的安逸。只是，在休息之后又想继续享受，就这样直到期限已满行动也还未开始。事实就是，拖延直接导致行动的失败。

可以说，拖延是成功的最大杀手。

回想一下，我们有拖延的习惯吗？很多人可能都曾有过这样的经历：你下定决心，要克服掉睡懒觉的毛病。于是，开始给自己制订计划，打算在每天早上六点半起床。第二天，你的闹铃准时响了，但是你却根本没有精神起床。在内心天人交战的瞬间，你对自己说：“今天就当是最后睡一次懒觉吧，等到明天这个时候，我一定要起床。”于是，你便按掉闹铃，继续安心做着美梦。直到忽然醒来，发现马上就要迟到，这时你才匆匆起床，再次重复以前的错误。第二天，你还会重复犯这样的错误。因为对于你来说，拖延已经成为一种习惯，你总是可以找到各种各样的借口来拖延。

这样的拖延习惯，可能对于大多数人来说，已经司空见惯。殊不知，正是这样的拖延习惯，让等待变成合理，让浪费时间变成自然。正是在这样拖延的习惯中，我们往往会失去机遇，失去做好这件事情的最佳时机。如果我们打算下午去见客户，却在睡午觉时不愿意起来，一直在对自己说:“再休息一会儿,等一会儿再起也不打紧,不会误了事的。”真的不会误事吗?不好说!这也许影响不到我们去见客户,但也许会因为这拖延的几分钟,使我们失掉这个客户。

在很多情况下,拖延是因为人的惰性在作怪。因为有了这一丝惰性,所以每当我们要付出劳动或者要做出抉择的时候,我们总会为自己找出一些借口和理由,让行动延后。我们总是会想当然地以为:再等一等,无妨。晚起几分钟,无妨;明天再做这件事,没有关系;歇两天再开始工作,也不会出什么问题;我做事效率高,不用这么急着开始……我们的借口总是很多,于是,我们总是能够以各种各样的理由拖延。可是,拖延来拖延去,当拖延最终成为我们的一种习惯的时候,问题出现了:拖延,成了我们走向成功的最大障碍。很多看似无关紧要的拖延,却恰恰影响了事情的结果。等到再睡十分钟后起床,上班迟到了;第二天有别的事情,没时间做昨天没有做完的事了;歇两天后再开始工作,整个工作进度慢了;不紧不慢地工作,结果延误了工期。再等等,然后再开始工作,好吗?不好!在职场中,拖延是成功的最大杀手。往往在不知不觉中,拖延的习惯会把我们折磨得面目全非,让成功离我们远去。

拖延会消磨我们的意志,使我们对自己的信心越来越小,使我们怀疑自己的能力。面对一个难以解决的困难,我们对自己说:“再等等吧!也许过段时间,这困难就不是那么难了。”于是,我们开始拖延解决困难的时间,开始了等待。可是,越是拖延,越是等待,我们解决困难的信心也就越小。直到最后,我们被困难打倒。当拖延成为一种习惯的时候,一旦遇到事情,遇到困难,我们就会变得犹豫不决,变得没有信心,变得总把希望寄托在等待上。而等待,往往会带给我们一个最可悲的结果,那就是失败。

赵先生是一个办事拖拉的员工,他的工作习惯是能拖则拖。他工作的任务之一是处理信件,这项工作不难,但是他的办公桌上却往往会积压一大堆来信。他是这样工作的:如果第一封信中牵涉到一个棘手的问题,他就把它搁置一旁,找一封容易答复的信去处理。结果,没过多久,他就积攒了满满的两三包没有答复的信。看着那堆难以答复的信,他很头痛,但是却觉得自己无法改变这种习惯。这使他觉得自己很难胜任这份工作。

带着苦恼，他请教了自己的朋友孙教授。孙教授对他说：“不要以为拖拖拉拉的习惯无伤大局，它是个能使你的抱负落空、破坏你的幸福，甚至夺去你的生命的恶棍。要知道，你的这种拖拉作风不是一种固有的个性，也不是一种不可救药的毛病，实际它是一种坏习惯。正如所有的别的习惯一样，它也同样可以被克服掉。所以，你不应当回避那些棘手的信，你把它们放在一边，难道是想等着有人替你处理吗？这显然不可能！你应当首先处理它们，而且你会因此得到鼓舞，使剩余的任务能够迎刃而解。”

孙教授的这番话使赵先生受到了震动，他决心着手解决这个问题，直到彻底战胜它为止。在孙教授的指导下，赵先生学到一个原则：如果有一件事情要做，立即就做，不要拖延。最后，终于成功地改掉了拖延的恶习。

拖延常会以“等有空了再做、等到明天再做、等到以后再做”为借口。在这些借口下，等待便成了理所当然。这是一种很坏的工作习惯，得过且过只会让我们无限期地延长工作时间。这样一来，做好工作，自然变得遥遥无期了。想想看，今天的事情拖到明天完成，现在该打的电话等到一两个小时后才打，这个月该完成的报表等到下一个月完成，这个季度该达到的进度要等到下一个季度完成……这种拖延，看似缓解了工作压力，而实际上呢？我们的压力只会越来越大，等不来好的结果，结果只能越来越糟。

爱默生教授说：“紧驱他的四轮车到星球上去的人，倒比在泥泞的道上追踪蜗牛行迹的人，更容易到达他的目的地。”拖延是成功最大的敌人，一个能够立即行动的人和一个做事拖延的人，其收获是完全不一样的。一个企业家可能会因为拖延没能及时做出关键的决策而遭到失败；相反，一个创业者，却会因为及时行动而把握住成功的机会。在很多时候，我们做事需要及时把握住一个契机，这个契机往往稍纵即逝，如同昙花一现。如果当时不善加利用，在拖延中错失了这个契机，那么就只能远离成功。

小杜和小刘是好朋友，他们从同一个地方，考到了同一所大学。在大学里，两人更是住在同一间宿舍里，这使得两人之间的感情非常好。两个人约定，一定要一起读到博士。

大学毕业的时候，由于成绩优异，两个人分别被分到了两个待遇相当不错的单位。在单位里，两个人的收入稳定，工作轻松。于是在态度上，两人开始出现了不同。

小杜没有忘记自己当初的志向，在工作之余，他抓紧一切时间认真学习，准备应考。但是小刘却没有这样做，他虽然没有忘记当初的志向，但是舒适的工作环境，使他不愿意再去学习。他对自己说：再等几年吧，等手里有了积蓄，等在单位站稳了脚跟再去学习也不迟。

几年时间很快过去，通过努力学习，小杜考取了研究生，而小刘在公司里也做得不错，成了部门主管。在一次同学会上，老友见面，两个人自然而然聊起了当初的约定。小杜劝小刘说：你现在收入也稳定了，在公司也站稳了脚跟，该开始实现梦想了吧！

可是，小刘却说：不着急，再等等，我现在刚做上主管，等过一段时间再说。

于是，小杜继续学习，朝着梦想前进，而小刘却一拖再拖。

又过了几年，小杜博士毕业去了英国，而小刘在公司里终于熬到了部门经理。如果两人就这么一直没有交集，也许故事就到此为止。可是有意思的是，小杜从英国学成归来，一跃成为小刘所在公司的高层领导。而小刘，因为学历不够高，能力不够强，一直在经理的位置上止步不前。

好的想法固然重要，但比它更重要的是行动。当我们有了想法，有了计划而不去执行的时候，再好的想法也只能作罢。就像小刘，他和小杜一样，同样有着很好的想法，但是因为拖延，因为“再等等”，他始终没有迈出那最重要的一步。恰恰是那一步，决定了发展的长度。或者有些人会说：再等等，有什么关系，有些事不一定非得马上去做。这话听起来有些道理，可是，我们想过吗？机会等人吗？不等！拖延会让行动的时间延后，在很多时候，恰恰就是那个不经意的“延后”，会让我们的明天不再灿烂。

所以，有了想法，我们就要马上行动，不要拖延。拖延是成功的敌人，而行动则是拖延的克星。没有行动，再美的空中花园也只能是虚幻的海市蜃楼，或者是停留于图纸上而已。因此，莫要拖延，行动起来。我行故我在，我们一定要做一个说到就马上去做的行动主义者。

拖延，往往还会导致一些悲惨的结局。恺撒大帝因为接到了报告却没有立刻展读，于是一到议会便丧失了生命。美国独立战争时期，英国的拉尔上校玩纸牌正在兴头上时，忽然接到了一份报告，其上的内容是：华盛顿的军队已经行进到德拉瓦尔了。但是，他却没有看那份报告，只是将其塞入衣袋中，等到牌局完毕，他才展开那份报告。等到他调集部下出发应战时，已经太迟了。结果是全军被俘，他自己也因此战死。仅仅只是几分钟的延迟，就使他丧失了一切！这多么可怕！

那么，我们还在拖延，还在拖延中等待吗？比尔·盖茨说："凡是将应该做的事拖延而不立刻去做，而想留待将来再做的人总是弱者。"凡是有力量、有能耐的人，都会在对一件事情充满兴趣、充满热忱的时候，就立刻迎头去做。说得多好！他的这句话，是对拖延的最好诠释。所以，无论我们在做什么，想要做什么，千万不要拖延，不要等待。拖延只会让我们远离成功。

## 5. 及时行动，工作经不起一等再等

有人说："年轻没有失败，只需要耐心地等待成功的到来。"听起来，这话说得似乎没有错，确实很有道理。这言下之意是在说：年轻人也许什么都缺，但最不缺的，就是时间，因为年轻嘛！等等又何妨？这种想法对吗？我们不能说这句话说错了，但是，大多数人错误理解了这句话的意思。年

轻不怕失败，失败了大不了从头再来。但是，年轻却经不起等待，因为一等，年轻就会逝去。所以，年轻没有失败，就算遇到了失败，也要振作起来，立即行动。这样，才能走向成功。

同样，工作也经不起等待。在工作中，很多机会、很多契机就如同我们年轻的岁月，抓紧时间才能好好把握。倘若我们放松了，懈怠了，等待了，拖延了，那么就会失去很多宝贵的财富。工作，经不起一等再等。

本来今天可以完成的工作，我们有没有想要等到明天再做？本来这周应该执行的学习计划，我们有没有推到下周？本来马上应该着手处理的难题，我们有没有想要等等再处理？本来应该第一时间联系的客户，我们有没有将其排在后面？似乎，在工作中，这样的等待算不了什么。很多人的心态是：等一会儿，没有关系。可是，我们知道吗？那个“一会儿”，往往会变成一个未知的时间，它存在着很多的变量。可能我们只想等一分钟，但是却会变成十分钟；可能我们只想等一天，可是等到第二天，这个时间又变长了。于是，等“一会儿”就开始变了，变成一等再等。结果，在等待中，不好的结果往往会迎面扑来。等吧！等一分钟两分钟，好像没有什么关系，但是客户丢失了，工作办砸了，机会失去了，困难更难了。这些，就是“等待”带给我们的结果。我们还能再“等待”吗？可以说，工作经不起等待，更经不起一等再等。如果我们执意要“等待”的话，那么注定要失去很多东西。

在工作中，现实与成功之间往往有一道很长很宽的鸿沟，习惯了等待的人，只是戴上望远镜，站在现实这边遥望山花的灿烂。他们也渴望摘到美丽的山花，但是他们却在遥望里沉迷了，他们在等待着有人替他们填平成功道路上的沟壑，然后自己再从容走过。想法虽好，但是没有人会替他们填平沟壑，而且山花绽放的季节短暂，经不起等待。过了那个季节，他们只能一无所有。在工作中习惯等待的人，是一群消极、被动的人。他们的这种消极和被动，只会为他们带来一声声叹息和感慨。

一位旅者在森林边缘看到一位老农正坐在树桩上抽烟斗，于是就上前攀谈起来。他问老农：“我看您一直坐在这里，请问，您在这里做什么呢？”

这位老农说：“有一次，我正要砍树，但就在这时风雨大作，刮倒了许多参天大树，这省了我不少力气。”

旅者插言：“您可真幸运！”

老农笑着说：“你可说对了，我很幸运。还有一次，在暴风雨中闪电把我准备要焚烧的干草给点着了。我甚至没有动手，就完成了工作。”

“真是奇迹！那么，您现在准备做什么？”

“我正等待来一场地震，这样，不用我动手，地震就会把土豆从地里翻出来。”

很有意思的一个小故事。老农能实现他的愿望吗？可想而知！看过这样一则故事，我们会感觉好笑，因为它确实很好笑。那么，在我们笑过之余，不妨想一想自己，在工作中有没有过这样可笑的等待？如果有，那么就应该注意了。就像这个故事里的老农，如果一天没有地震，两天没有地震，十天还没有地震，半月之后，他的土豆会如何？这就是结果。所以，工作经不起等待。

小宋毕业后，一心想要找到自己满意的工作。他满怀热忱地四处求职，但结果却总不能如愿。他不是碰到钉子，就是觉得工作本身离他的期望值太远。就这样，他在城市里奔波了两个多月后，依然一无所获。灰心失望之下，他不再四处找工作，而是托了几个好朋友帮忙留意工作，自己却窝在家里不再出门。他开始等待，希望有一天，好运气会降临到自己身上。

半年过去了，他身上的钱花得差不多了，却还是没有找到自己满意的工作。无奈之下，他只好听从朋友的建议，进了一家自己不太满意的小公司。

这样一份工作，无法调动起他的工作热情。于是，对于工作，他总是敷衍了事。每当上面安排一项工作的时候，他总是不紧不慢地去做。他觉得，只要能把工作做好，就可以了；每当遇到困难的时候，他总会让自己停下来，而且美其名曰：思考思考。结果，他不仅没有找到解决方案，而且难题越来越多。一个和他一起进公司的同事劝他，不要用这种态度对待工作。但是他却说：等到找到合适的工作，我就走了，这个小公司有什么发展前途？

不过，一年之后，他还是待在这家小公司里。而和他一起进公司的同事，却成了他的顶头上司。

另一则故事：小陈闯荡期海多年，沉浮多次，但是乐在其中。可是，对期货的各种奥妙越是深入探究，他就越找不准方向和感觉。每波大行情到来时，他总是徘徊不定，想再看看，再等等。结果，一等二等，错过了时机，只能后悔得捶胸顿足，感叹自己跟不上节奏，浪费了大好时机。

这就是等待带来的结果。小宋的等待，是在观望；小陈的等待，是因为犹豫。但是无论何种等待，带给他们的，都只有遗憾，只有失败。无论什么样原因的等待，在工作中都不合适。因为，工作需要行动，需要前进，而不是徘徊。所以，我们要珍惜自己的工作，珍惜时间，珍惜机会，不要因为等待，让自己失去了机会。

我们还在工作中等待吗？还在等待着难题自行解决，机会自己跑来吗？等不来！只有行动，我们才能做好自己的工作。困难算什么！梭罗说："尽管失败和挫折等待着人们，一次次地夺走青春的容颜，但却给人生的前景增添了一分尊严，这是任何顺利的成功都不能做到的。"当困难和失败来到的时候，迎难而上，才能解决。等待，决不是办法！还有机会，能等来吗？当然等不来！古人说："花开堪折直须折，莫待无花空折枝。"机会不会永远都在我们面前，要及时上前去，我们才能抓到。但是如果等待，那枝花永远不会落到我们手中。

所以，在工作中，莫再等待。工作经不起等待，更经不起一等再等。所以，我们要珍惜工作，好好把握住工作中的一切。记得：河水流过，将会永远地流过；花谢了，就是谢了。不要等待，不要错过，我们才能把握住机会，做好工作。

# 第二章

# 激情工作，莫让热情在等待中暗淡

美国西点军校戴维·格立森将军说："想要获得这个世界上的最大奖赏，你必须拥有过去最伟大的开拓者所拥有的梦想，并将之转化为现实的献身热情，以此来发展和展示自己的才能。"在现代生活里，热情不仅是促进团队合作的润滑剂，更是个人品质的表现。最重要的是，热情可以使人释放出潜在的能量，使人更加高效、更加轻松地完成手中的工作。热情就像是熊熊燃烧的火焰，只要火焰不熄，水就永远是热的。但是，热情却有一个天敌，那就是等待。因为，在等待中，热情之火总会慢慢暗淡。

# 1. 热情是工作的灵魂

古往今来,所有的成功者都会选择自己感兴趣的事情来做。因为感兴趣,才会投入热情,才会专心致志,才会竭尽全力。我们对自己现在做的事情感兴趣吗?这个问题的答案可能不太一样。但是,如果我们问自己:想要成功吗?这个答案应该是肯定的!没有人希望自己是失败的,所有人都在向往自己成功。我们当然也向往成功,所以,我们要对自己所做的事情,保持良好的态度。这些良好态度中最重要的,便是热情。

热情的确很重要,世界上任何一件在大多数人眼中不可能实现的事情,都是在那些拥有高度热情的人的行动中变成现实的。事实上,就算是那些很平凡的事情,拥有热情的人做得也远远比那些没有热情的人要好。这是热情的魔力,热情往往能够推动事情向着更好的方向发展,或者变不可能为可能。明白了热情的魔力,我们甚至可以去想:世界上没有不可能完成的事情,只要我们带着热情,积极、乐观地做了,那便会有成功的可能。拿破仑·希尔就曾经说过:"若你能保持一颗热情的心,那是会给你带来奇迹的。"歌德也认为:"热情是任何事业最有力的支撑,它具有化腐朽为神奇的力量。"热情就是如此的不可思议,它是工作的灵魂。

著名歌手蔡琴自出道以来,发行唱片50多张,获奖无数。她的嗓音低回委婉,淳厚沉稳,极富感染力。时至今日,她给歌迷们留下了太多脍炙人口的经典歌曲,比如:《你的眼神》《相思河畔》《情人眼泪》等等。

有一次，一位记者采访蔡琴，随口问道："在你演唱过的众多歌曲中，哪首歌是你自己最喜欢、最让自己动容的呢？"她回答说："那是我的成名歌曲《恰似你的温柔》，这首歌，我已经唱了八万多遍。"

记者听后大为惊奇，并表示不解："同一首歌，唱了八万多遍，你不会觉得枯燥和乏味吗？是什么支撑你连续不断地唱下去呢？"

蔡琴微微一笑："不会呀！在唱歌的时候，我总是以芭芭拉·史翠珊来激励自己，她的代表作《The Way We Were》也唱了很多遍，但是她却感觉到每遍都有不同的感觉在里面。演唱对于我来说，是一种享受和体验。每次唱这首歌的时候，我都会把它当成是第一次演唱，所以我的心中始终都有一团熊熊不熄的热情之心在燃烧，我很享受这种感觉。"

原来，只有以饱满的热情全身心投入进去，才能享受到其中的美好；只有懂得享受，才能远离枯燥和乏味，获得心灵上的自由和快乐。而这些，才是成功之本。

所以，我们可以得出一个结论：有热情，才能得到成功。热情，确确实实是工作的灵魂。一个人只有带着热情去工作，才能把自己的潜能发挥得淋漓尽致，才能做好任何自己要做的事情。同一首歌，蔡琴为什么唱了八万多遍而不觉得枯燥和乏味？那是因为，她拥有工作的热情，带着热情去工作，她一直在享受着唱歌的感觉。虽然一直在唱同一首歌，但热情却使她远离了枯燥和乏味，取而代之的是一种全新的感觉。可想而知，如果没有热情，那么她能反反复复地唱一首歌，唱八万多遍吗？肯定不能！也许多唱几遍，她就会觉得厌烦。这，就是热情的魔力。

热情不仅可以影响我们自己，还可以"传染"给周围的人。我们都欣赏满腔热情工作的人，他们的热情不仅能使工作做得更好，而且还能带动大家的情绪。事实上，热情可以通过分享来复制，而不影响原有的程度，它是一种分给别人后反而会增加利润的资产。我们付出的热情越多，得到的也会越多。在这个良性循环中，我们的热情越来越高涨，而周围人的热情也会越来越高涨。如此一来，工作效率自然增加。热情在很大程度上带来的不仅仅是事业上的成功,更是精神上的满足。这是一种双重的财富,会使我们的人生愈加精彩。

想想看,当我们兴致勃勃地工作,并努力使自己的老板和顾客满意时,我们所得到的一切,会不会都有所增加?当然!热情是一种神奇的要素,吸引并影响着我们,同时它也是成功的基石。如果无论做什么,我们都能带着热情去做,那么我们就不可能沦为平庸之辈。热情是工作的灵魂,带着热情工作,个人没有做不好的事,团队没有攻克不了的难题。

她是一家公司的采购员。工作来之不易,她非常勤奋刻苦,对工作有一种近乎狂热的热情。她所在的部门并不需要特别的专业技术,只要能满足其他部门的需要就可以了。但是她却并不满足这种状态,而是在闲暇之余努力地学习,千方百计地设法去找最便宜的供应商,买进上百种公司急需的货物。

她兢兢业业地工作,为公司节省了许多资金。这些成绩是大家有目共睹的,她得到了大家的尊重。在她 26 岁那一年,也就是她被指定负责采购公司定期使用的约三分之一产品的第一年,她为公司节省的资金已超过 80 万美元。她的节省,来自于她无与伦比的热情。

公司副总经理知道这件事后,马上就加了她的薪水。她在工作上的刻苦努力,博得了公司高层的赏识。这使得她在 32 岁的时候,就成为了这家公司的副总裁,年薪超过 30 万美元。

对于职场中的人来说,当我们正确地认识了自身的价值和能力及担负的社会责任时,当我们对自己的工作有兴趣,感到个人潜力得到发挥的同时,我们就会产生一种肯定性的情感和积极态度,把自觉自愿承担的种种义务看做是“应该做的”,并产生一种巨大的精神动力。即使身处的各种条件比较差,我们也不会放松对自己的要求,反而会积极主动地提高自己的各种能力,创造性地完成自己的工作。因为,心中有热情。当我们心中有热情的时候,无论做什么样的工作,无论工作有多么辛苦,我们都不会觉得辛苦,反而会觉得很有意思。如果我们可以充满热情地去做最平凡的工作,那么就能成为最精湛的艺术家;如果我们以冷淡的态度去做最

不平凡的工作，那么也绝不可能成为艺术家，甚至做不出什么成就。

热情是工作的灵魂，甚至就是生活本身。我们如果不能从每天的工作中找到乐趣，仅仅是因为要生存才不得不从事工作，仅仅是为了生存才不得不完成职责，这样的人注定是失败的。当我们以这种状态来工作时，那么也许就会犯某种错误，也许会错误地选择了人生的奋斗目标，使我们在天性所不适合的职业上艰难跋涉，白白地浪费着精力。所以，我们需要某种内在力量的觉醒，应当被告知，这个世界需要我们做最好的工作，我们应当根据自己的兴趣把各自的才智发挥出来，把各人的能力增至原来的十倍、一百倍。这样去工作，才能尽情地演绎完美，才能取得成功。

热情是工作的灵魂，我们懂得了吗？

## 2. 热情驱动工作，热情成就梦想

热情的态度与行动之间的关系，就如同汽油和汽车引擎，如果没有汽油，那么汽车引擎再优质，汽车也发动不起来。同样的道理，如果没有热情，那么行动就只能搁置在沙滩上，而无法向前迈出一步。如此，梦想自然就难以实现了。因此在工作中，我们一定要带着热情，用热情驱动工作，用热情成就梦想。我们要用热情点燃自身蕴藏的能力，然后凭借这股力量，改变自己人生中的任何层面，扭转那些不利于我们的发展环境，使梦想最终成为现实。

每个人都有自己的梦想，在实现梦想的途中，往往会有很多东西阻碍我们实现梦想。在职场中，我们每个人都想要得到成功，这是我们的梦想。可是，在实现这个梦想的途中，我们同样会遇到各种各样的阻碍。单调枯燥的工作流程、令人头痛的各种难题、让人无奈的加班等等，这些，都会影响我们在事业上取得成功。但是,这些阻碍在热情面前,却都又变得微不足道了。热情是一种信念,更是一种动力。想想看,有了热情,我们还会觉得工作单调枯燥吗？不会！也许朝九晚五上班下班,不断重复的工作方式确实有些枯燥,但有了热情,这些枯燥的感觉,会变成一种另类的享受。很多人畏惧害怕各种难题,但是如果有了热情,那么这种难题会激发起我们一种征服的欲望,会让我们兴趣盎然地寻找难题的答案,会以解决难题为快乐。这些都是热情带给我们的。其实每个人的潜能和创造力都是无限的,当这些能力被热情激发释放出来后,我们能够实现的价值也是无限的。热情就是驱动我们努力工作的动力,可以带着我们更快地成就梦想。

热情的力量就是如此的不可思议,它可以让我们完成看似不可能的工作,成就心中的梦想。很简单的一个道理:如果没有热情,那么我们就不可能全身心地投入到工作之中,不能去竭尽全力地做好手中的工作,当然也就无法实现梦想。生活中那些在事业上有所成就之人,无一不是带着热情去工作、拼搏的。

在工作中,雷军的热情让人惊讶。自从他加入“金山”以后,整个“金山”团队都变得疯狂起来,充满干劲。这支团队似乎从沉睡中觉醒,开始跳跃着向前奔跑。

雷军说:“我在‘金山’工作的16年,每天都要工作十几个小时,每周7天,很少有过间断,我把全部的心血和热情都倾注在这家公司里。有些同行评价说,我们是一个疯子带着一群疯子。确实如此,因为我们的热情之火在疯狂地燃烧。‘我的青春,我的金山’,每每想到这句话,我都是感慨万千。”

2001年9月,“金山”和“疯狂英语”合作,决定打进英语教育市场,于是举办“金山、李阳英语疯狂夜”。雷军的工作时间安排得很紧,在这个活动开始前20分钟,他还在开董事会。会议刚刚结束,他就抓紧时间赶到了会场,他不愿意错过这次活动。忙了一天,其实这个时候,他已经很累了,双眼甚至布满了血丝,但还是风风火火,充满热情。

活动现场一片沸腾,李阳魅力依旧,疯狂依旧,雷军则是意

气风发，慷慨激昂。他的声音有些沙哑，但热情丝毫不减，他说：“中国已经成为全世界最大的英语学习市场。金山公司从1996年起就开始研发英语电子词典和翻译软件，作为民族软件业的代表，我们始终致力于为12亿中国人提供最实用的工具和娱乐软件。我们希望‘金山’的产品能帮助更多的中国人学好英语、走出国门，为中国的国富民强和国际化贡献我们的力量！”

由此，金山词霸的销售业绩猛涨，拉开了金山词霸与李阳疯狂英语强强联手、完美合作的篇章。

雷军曾经说过：“我是在与自己竞争，如何让人去买金山词霸升级版本。很多人都觉得产品已经不错了，不必买新版本了。我要让每一个版本看起来都是新的，就像有一百多年历史的可口可乐，充满了品牌的活力。我要赋予金山词霸新的生命和新的色彩，让它重新‘疯狂’起来。”他对工作的热情就是一堆熊熊燃烧的烈火，充满了“疯狂”的力量。对于他来说，无论金山公司前进的脚步有多么迅猛，他对工作的热情始终不曾改变。

在国产软件步履维艰的现实条件下，“金山”走出了一条“曲线救国”之路。一度被视为“中国微软”的“金山”，从办公软件起步，在历经19年风雨后，成功上市。“金山”正是在雷军的带领下，在他坚持自己的理想，激情永不退的信念下走到了今天。

如今，他不再考虑自己是不是中国最杰出的程序员，而是更想成为中关村最棒的CEO。人一旦有了理想，就有了拼搏的动力，而动力是需要热情去维持的，他的热情不但成就了自己的梦想，也让金山公司焕发出勃勃生机。

热情是驱动工作的动力，没有热情就实现不了梦想。也许我们很多人都对工作有着极大的热情，这是好事，这些热情会使我们的梦想之路更加通畅。但是，我们拥有了这些热情，是不是能够一如既往地保持下去呢？当我们日复一日、年复一年地重复做着同样单调的工作时，当我们被繁重的工作压得气喘吁吁时，我们还能使自己保持满腔的热情吗？这个时候，恐怕我们连最基本的工作都自顾不暇了，更不用提去实现梦想了。所以，我们应该像雷军那样，不仅要拥有工作的热情，更要让这种热情始终保持下去。只有这样,我们才能驱动自己的工作之车,真正地走向成功,实现梦想。

歌德说:“热情是任何事业最有力的支撑,它具有化腐朽为神奇的力量。”一个充满热情的人,无论做什么工作,他都会怀着浓厚的兴趣,他也会因此而具有无穷的胆气和力量,从而建立别人无法企及的功业。

他是一位商界奇人,身高不足一米六,却被称为“电子时代大帝”。他24岁时,成立了软件银行,投资过约八百家互联网中小企业,在过去的十多年中,投资回报高达九倍之多,是网络业中全球投资回报最高的企业。

他是软银集团的创始人,现在是该公司的总裁兼董事长。他在不到20年的时间内,创立了一个无人相媲美的网络产业帝国,成就了无数互联网人的梦想。他叫孙正义,一个永远都充满热情的人。

谈到自己投资的企业,他说:我投资的互联网企业中有100家破产了,但绝大多数生存了下来。其中有一部分,取得了很大的成功,像阿里巴、雅虎等。在我看来,失败不是最致命的打击,失败的企业与成功的企业相比,除了运气的原因之外,最主要的区别在于管理层是否有创业的热情。那些成功的企业凭借一股勇往直前的热情,总能够克服重重困难,吸引人才,找到解决困难的方案,渡过难关,赢得成功。

这是孙正义的成功宝典,在他看来,工作有热情,才能解决各种难题,吸引人才。反之,则什么事也难以办成。正是凭借一股热情,他终于实现了梦想,收获了成功的果实。

热情是生命力的象征,有了热情,工作就有了动力,梦想就有了希望。在很多时候,我们无法控制自己的工作环境,但是却可以选择自己的应对方法。我们只需要稍微努力,投入自己的热情,就可以让自己开心起来,并带着热情继续自己的工作。带着热情去工作,是一种积极的心态。如果我们能够把每一天当做是新的一天来看待,保持对现有工作的敬仰和对未来的不懈探索,那么潜伏在我们内心深处的热情,就会随着我们全身心的投入而被点燃。如果是这样，那么无论做什么事情，我们都可以成功。

对工作充满热情，是一个人取得成功的重要因素。正如一位著名企业家所说："只要你拥有对工作的极大热情，即使你不具备超人的才气，也会获得极大的收获——不论是在物质上还是精神上。"成功学大师拿破仑·希尔说："要想获得这个世界上最大的奖赏，你必须像最伟大的开拓者一样，将所拥有的梦想转化成为实现梦想而献身的热情，以此来发展和销售自己的才能。"伟大人物对使命的热情可以谱写历史，而普通员工对工作的热情则可以改变自己的一生。当我们用百分之百的热情做百分之一的事时，我们就会每天尽自己所能，力求完美。这样，就没有什么能够阻挡我们走向成功，而且，我们周围的每人也会被这种热情所感染，从而使团队走向成功。

对于我们来说，热情就如同生命，它可以驱动工作前进。凭借热情，我们可以释放自身潜在的巨大能量，挑战不可能完成的任务；凭借热情，我们可以把枯燥乏味的工作变得生动有趣，使自己充满活力；凭借热情，我们可以感染周围的同事，让他们理解我们、支持我们，让我们拥有良好的人际关系；凭借热情，我们可以获得老板的提拔和重用，赢得宝贵的成长和发展的机会，从而获得成功。

一句话：热情可以驱动工作，热情能够成就梦想。在工作中，我们需要热情。我们都拥有工作的热情吗？如果没有，我们是怎么做的？是在等待热情的到来吗？

## 3. 等待，只会让热情之火慢慢暗淡

从前面我们已经知道：热情是工作的灵魂，只有带着热情去工作，才能成就心中的梦想。对此，很多人表示：我也知道热情对于工作的重要性，也想要带着热情去工作，可是无论如何也“热情”不起来，这怎么办？

事实上，在职场中，有很大一部分人找不到自己的“热情”。他们对于工作的感觉，要么是厌烦，要么是平淡，就像是每天都在嚼着同一碗白米饭，不温不火，只是为了生计而工作。在他们的字典里，没有热情而言。他们当然也知道热情对于工作的重要性，但是对于寻找热情，只是被动地采取了等待的方法。他们觉得：正所谓“日久生情”，不用刻意去寻找，时间一久，自己慢慢就会对工作热情起来。想法是好的，但是，我们要明白：热情是等不来的。

还有一部分，他们目前拥有对工作的热情，也愿意带着热情去工作。可是，他们的热情只能持续很小一会儿，就像昙花一现般，过了这个时间段，就慢慢凋零了。他们有热情，可是，却没有好好把握住自己的热情，而是在等待中，让自己的热情之火慢慢暗淡。比如在做一件事情之前，他们有很大的热情，打算投入自己的全部精力来完成这件事。可是，他们却习惯了把事情往后拖延，习惯了“等一会儿”再说。结果，在等待中，热情慢慢消散不见了。一堆火，要想保持其熊熊燃烧的火焰，就一定不能等待。等待，只能让热情之火慢慢暗淡。

所以，无论目前我们有没有热情，都不要等待。没有热情，我们要及时行动，让自己去热爱工作；拥有热情，就要带着热情及时行动，莫让热情之火在等待中暗淡。

1999 年 7 月初，正当全国高三的学子们都在紧张地准备着

即将到来的高考时，河北省石家庄市一个普通的18岁少年却毅然地选择了另一条道路——放弃高考，自己创业。他叫李想，一个在今天互联网里有着响当当名号的人物。

他之所以做出这种选择，完全是出于自己对刚刚在大陆发展起来的互联网的热情。他的这种执著的热情，迫使他很快放弃了学业。因为他害怕，怕在等待几年后，自己的热情之火会慢慢暗淡，再也没有勇气走出来。

放弃高考，这看起来是多么离经叛道的一个决定！他的想法毫无意外地遭到了来自于家人、师长的巨大阻力。身边的人在震惊之余，更多的是愤怒：他怎么可以这样！难道不要前途了吗？这样做，太让人失望了！于是，他身边的亲朋们，开始想方设法让他改变想法。

然而，他对于互联网的热情已经超出了人们的想象。从最初接触互联网开始，他便痴迷于此，此时的他，更是看到了互联网中蕴藏的巨大潜力。一种划时代的资讯交流方式让他欲罢不能，让他心中燃起了熊熊烈火。

其实，在这种巨大的热情面前，还在上学时他就已经开始尝试创办论坛，并意外地拥有了超过10万元的年收入。这对于一个还未满18岁的少年来说，是多么大的吸引力！足够的热情，往往会使人们克服世间一切阻挠，全身心投入热爱的事情之中。这个时候的李想，早已经拥有了这样的热情。在他的热情面前，父母被说服了，他们同意了儿子的创业计划。

他没有等待，也不敢等待，他甚至不敢想象，如果自己正常读完了大学，这股热情之火是否还在燃烧。于是，在别人都在辛苦复习、备考以及填报志愿的时候，他已经开始全身心地投入到了网站的策划和制作当中。

1999年，李想一手创办的PCPOP网站开始运营。6年以后，网站的运营收入已经达到了2000万，利润也达到了1000万元。2006年，更是以令人难以置信的速度发展着。而此时的李想，也成为人们口中的80后新贵、年轻人的偶像，一个真正的新生代亿万富翁。是热情，给他带来了一个灿烂的未来。

对于我们来说，热情永远都是成就事业的基础条件。李想的成功源于热情，很多成功人士的成功，同样源于热情。而在李想的故事中，我们更看到了：有了热情，莫要等待，要及时地采取行动。只有这样，才能带着满腔的热情，投入到工作中去，才能实现成功的梦想。当然了，我们并不是鼓励一个孩子在不参加高考的情况下就去创业。我们只是在论述一个事实：无论是在工作中还是在创业时，有了热情，就要好好把握利用这股热情，不要等待，不要让热情之火在等待中慢慢暗淡。

有一个小伙子，在西部地区一所大学里念书。他只有20岁，在经济系里念大二。可是，到了大三，他却发现了一个问题。他发现自己更喜欢做一名企业家，这个念头深深地钻进他的脑子里，让他欲罢不能。于是，他想到商学院学习企业管理。

不过，他最终没有成功转系。系主任告诉他，他以前在大一期末考试成绩不够高，而且现在系里没有多余的名额。虽然现实是这样，但是他却没有就此罢休，凭着一股热情，他立即制订了这样的计划：先通过“旁听”选修所有企业管理的课程，参加他们的授课。

一个月后，恰好有一个企管专业学生办理休学，小伙子便抓住这个机会去补了那个空缺。

到了大四，小伙子学习了企业管理所有的课程并拿了学分。最后一个学期，他拿着成绩单去见系主任。他问系主任：“虽然我没有被正式接受，但是我是否可以得到企管学士的学位？”

系主任感到非常吃惊，同时也很感动。“在我看来，你就是个企业家。”系主任说，“我不知道有什么理由可以拒绝你的申请。”

最后，他终于如愿以偿地得到了企业管理的毕业证书和学位证书。

很显然，这个小伙子的成功，来自于他切切实实的行动。我们可以做一个假设：假如他一直在观望中等待，那么他还能够得到企业管理的毕业证书和学位证书吗？显然不能！如果是我们，可能我们会想：还是等一下吧！如果实在没有机会，那就等毕业后再进修自己感兴趣的专业。这种想法也没有什么错，可是这却是一个等待的过程，在等待的过程中，我们的热情之火，也许就会慢慢暗淡。或许以后会有机会，但却不见得我们还会有学习的热情。没有了学习的热情，那么一切都只能成空。那个小伙子，也许会在等待一年、两年之后，再也没有了学习企业管理的热情。

在我们的身上，出现过这种情形吗？如果有，那就一定要注意了。无论我们现在有没有热情，都不要去等待。因为等待，会让我们的热情之火慢慢暗淡。我们现在要做的是：没有热情，就及时去寻找热情；有了热情，就保持这种热情，及时行动。

## 4.

## 拥抱热情，工作因热情而精彩

热情是人生不可缺少的基本要素。歌德说："历史给我们的最好的东西就是它所激起的热情。"爱默生说："人要是没有热情是干不成大事业的。"托尔斯泰也说："一个人若是没有热情，他将一事无成。"可见，热情是一种对生命的敬畏、一种对自我的尊重、一种对世界的热爱。可以说，热情是每个人生命中不可缺少的基本要素，它就像春日里盛开的牡丹，能装点我们的世界，装点我们的人生。热情还能够点燃生命的激情，从而使人生更具活力、更加精彩。那么，我们拥有热情吗？我们应该试着拥抱热情，我们的工作会因为热情而更加精彩。

人的一生，是不停工作的一生，是不断创造价值的一生。在我们的生命里，工作甚至占据了 2/3 的时间，我们一生中绝大部分的时间，将全部都会在工作中度过。那么，我们应该用何种态度面对工作？两个字：热情。我们应该想到，工作不仅仅是一个谋生的手段，更不仅仅是一项不得不为之的任务，它是我们生命中不可分割的一部分，跟我们息息相关。既然如此，那么对待工作，我们就必须从心出发，热情地去对待它。当我们拥抱热情，放下心里的那道防线，真心诚意地接纳自己的工作时，就会发现，我们的工作效率提高了，工作能力增长了。随之而来的，是一系列良性循环。在这样的良性循环下，我们会越来越热爱自己的工作，越来越享受自己的工作，也越来越满足于工作所带来的快乐。这个时候，我们会豁然发现：工作，真的因为热情而变得精彩起来了。

从前有一位庄园主，他在散步的时候，看到自己雇用的年轻园艺师正满头大汗、勤勤恳恳地工作。那位园艺师认真的态度吸引了他，于是他停下了脚步，仔细看了看园艺师工作的地方。那位园艺师的工作非常到位，把庭院的每个角落都打理得很美丽。不仅如此，他还聚精会神地在自己打理的每个木制花盆上面雕刻花纹。

看到这些，这位庄园主觉得很开心，因为他发现年轻的园艺师很能干。但是，他还是有些好奇，于是问道："小伙子，你在每个花盆上都雕刻花纹，却不能多拿一分钱。我有些好奇，你为什么还要花费这么多心血呢？"

年轻的园艺师用衣领擦了擦额头上渗出的汗珠，回答说："这没有什么，因为我非常热爱这个庭院。我把自己负责的事情做完之后，如果还有时间，就在这些木制的花盆上雕刻花纹，把庭院打扮得更加美丽。因为热爱，所以我做这些事情的时候，很快乐。"

听了园艺师的话，庄园主大为欣赏。他觉得，这个年轻人不仅手艺不错，而且更有一颗热情奔放的心，于是就让他学习雕刻。几年之后，这位年轻人终于大获成功。这位年轻的园艺师，就是后来意大利文艺复兴时期最著名的雕刻家、建筑家、画家——米开朗琪罗。因为他拥抱了热情，对自己从事的工作怀有激情，而且能从中感觉到快乐。所以，他能够不计报酬，全力以赴地制造美丽。在为花盆雕刻美丽的花纹的过程中，他的人生也绽开了美丽的花朵，他的工作因为热情，而变得更加精彩。

一位哲人说:"热情像燃烧的火炬,能照亮壮丽的人生;热情若鼓满的风帆,能开辟事业的道路;热情如香醇的美酒,能增添生活的乐趣;热情似金色的阳光,能给人以春天般的温暖。"热情是生活工作的动力,热情是另一个主人,热情能弥补能力之不足,热情能督促我们努力工作、勤奋学习,不断攀登新的高峰。热情,会让我们的生活和工作都更加精彩。

在职场中,有些人会抱怨自己的工作枯燥单调,认为从中很难找到热情。事实上真的如此吗?当然不!米开朗琪罗的工作,难道不枯燥、不单调吗?作为一个园艺师,他的工作很枯燥单调。可是,他带着一颗热情的心去工作,结果,他的人生因此变得精彩起来。无论做什么工作,我们的工作都会因为热情而精彩。这,就是热情的魔力。

上任伊始,她并不太了解自己的工作。但是在慢慢熟悉之后,她就深深地爱上了自己的工作,爱上了工运事业。从来到集体的第一天开始,她的作息时间便再也不是朝九晚五,忙完当天所有工作的那一刻,才是她下班的时间。在工作中,她永远热情澎湃,热情是最好的动力,所以她把这份忙碌诠释为"充实"。也正因为这份热爱、这份热情,济南市长清区工会工作翻开了崭新的一页。

2008年,长清区总工会被授予全省先进县工会,全省工会"五五"普法先进集体等荣誉称号。而这份荣誉的起点,则是因为一股真挚的热情。

她是谁?她是宋传娥,现任长清区总工会主席,一位永远都充满了热情,一个很简单的人。

谈起工会工作,宋传娥兴奋之情溢于言表:"工会就是一个大引导部门、大组织部门、大联合部门、大服务部门!工会是教育、培训职工的阵地。我们要做的,就是要好好打造工会工作的品牌,把工会真正建设成职工最温暖的家。"言语中,她工作的热情溢于言表。她总是习惯于拥抱热情,然后让热情充溢于工作之中。

"哪里有职工,哪里就必须建立工会组织。"就任后,她带领长清区总工会一班人，以民营企业、建筑和服务行业为重点，加大组建的力度，采取党建带工建，“借力”建会的措施。为了工会的发展壮大，她从来不辞劳苦。正是因为有着高涨的工作热情，所以她一直也不觉得辛苦。到2008年，全区新建工会组织155家，发展新会员近1.8万人，超额完成了组建任务。辉煌的成绩，是她热情之树结出的果实。

面对国际金融危机的扩散和蔓延，长清区总工会引导职工充分认识金融危机的挑战和面临的良好发展机遇。她带领长清区总工会一班人先后走访慰问了20家企业，动员广大企业搞好生产，加快发展，技术创新，开拓市场，稳定就业岗位。在她的努力下，长清区捷利公司工会积极响应区总工会号召，提出了“三不一保”即“不停产、不裁员、不降薪，保公司”。区总工会还联合区劳动保障部门举办民营企业招聘活动，在区帮扶中心设立职介服务，为下岗失业人员再就业牵线搭桥。很快，就有数以千计的下岗失业人员重新找到了工作。她仅仅是个小人物，但是在热情的驱动下，她在自己的工作岗位上，演绎了不平凡的人生。她的工作，因为热情而精彩。

她说：“一定要将长清最美的一面展现在世人面前。”这是她的梦想，是她的奋斗目标。她相信自己可以实现这个目标，因为，她一直都充满了热情。

还说什么呢？也许什么都不用说。无论我们做什么工作，都一定要记得拥抱热情。只有带着热情工作，我们的工作才能变得更加精彩。在工作中我们拥抱热情了吗？在我们的生命中，热情其实更像是一束香气四溢的鲜花，将其抱在怀里，我们的人生就会变得更加精彩。

如果我们也想让自己的工作更加精彩，那么从现在开始，学会拥抱热情吧！千万不要等待，因为等待，只能让我们的热情之花慢慢枯萎。拥抱热情吧！工作，需要我们的热情来装扮！

## 5. 释放热情，把工作当成事业来做

你知道吗？热情是一种自然的天赋，我们生来就充满热情。当我们处在某些令人舒适和愉快的环境中，比如和朋友在一起，或者从事业余爱好，或者与爱人一起度过无忧无虑的时光，等等，这个时候热情就会自然涌现。它就像是一个隐形术极为高明的杀手，虽然一直潜伏在我们体内，但却只会在关键的时候现身。这个时候，热情爆发不需要任何秘诀、咒语或者刺激。

同样很明显的，当我们充满热情时，我们就会变得更加生气勃勃。我们的创造力会提高，思维会更加清晰，力气会用之不竭，勇气会成倍飙升。可以说，当充满热情时，我们做事的效率会达到最佳。热情就像是助燃剂，推动着我们人生的火箭加速向前猛冲。不仅如此，当我们释放自己的热情时，这同样也会对其他人产生很深的影响，因为与我们的合作将变得十分愉悦。我们的热情，会鼓励甚至带动他人一样热情，一样高速前进。这是热情的魔力。

总而言之，当我们释放自己的热情时，我们本身就会变成一个发光发热的大火球，充满了无与伦比的力量。

所以，在工作中，我们要释放出自己的热情。我们已经说过了，当我们处在某些舒适和愉快的环境中时，热情就会自然涌现。那么，要在工作中释放出自己的热情，我们就需要把工作的环境，变成让自己感觉到舒适和愉快的环境。不要会错了意，我们的意思，并不是说，夏天热的时候，要在办公室吹冷气，喝酸梅汤；或者，办公室里一定要响起舒缓的音乐。物质环境的变好，不见得就使我们感到舒适和愉快。我们要想让自己感觉工作环境舒服，要想在舒服中享受到愉快，就一定要把工作当成事业来做。这其实是一种心境，只有调整好了自己的心境，我们才能感受到工作的舒适和愉快，并且释放出自己的热情。

在美国西雅图，有一家腥味四溢的鱼铺。奇怪的是，这家腥味四溢的鱼铺，不仅没有门可罗雀，反而是顾客盈门，甚至连500强的CEO与著名政治要人都趋之若鹜。这是怎么回事？难道这家鱼铺有什么出奇的地方不成？

这家名叫“派克”的鱼铺，曾和许许多多的鱼铺一样，虽有名字，但并不出名。不过，自从它被老约翰接手之后，它的命运就发生了转变。老约翰下定决心，要将其打造成一个有名而且赚钱的鱼铺。

老约翰首先改变的是，鱼铺里不灰不白的视觉效果。他将工作围裙一律改用明艳的大红色，员工们穿起来像是一片红云。然后，他又改变了营业员卖鱼时像鱼一样闷不作声的呆板状态。他发明了“呼叫”销售法，非常有意思：比如员工一边包装称好的鱼一边朗声叫道：

“这十只螃蟹要装进这位先生的袋子里啦！”

“这条大鲑鱼要和这位漂亮太太回家去啦！”

“嗨！红艳艳的西红柿要陪这位女士回家喽！”

……

顾客多的时候，这些喊声此起彼伏，引诱得过路人也大多要走进来一看。有意思的是，不少人由进来“一看”变成了“一买”。这些脸上充满了笑容与活力的员工，工作起来非常愉快，他们中许多人的工龄已达15年之久。

很多世界500强企业的CEO专程前往派克鱼铺，以探求这家平均售价仅每公斤几美元的小小鱼货店，是何以在30平方米大的小天地里，十多年间将利润跃升十多倍的。有些人得出了结论，这个小鱼铺成功的关键，就是热情。

很有意思的一个小故事。我们现在理解老约翰为什么要改变围裙的颜色了吗？也理解了为什么要用“呼叫”销售法了吗？他其实是想用这些方式，唤起员工的热情，同时也唤起顾客的热情。在很多时候，热情会产

生连锁反应。老约翰的一些小诀窍，唤醒了工作人员的热情，同时也让他们把工作当成了自己的事业。当然，他们的热情，最终影响到了顾客，也点燃了顾客的热情。这是一个良性的连锁反应，就像在干草地里点火，虽然只有星星点点，但肯定可以燎原。

一个小小的鱼铺，因为热情的到来，发生了天翻地覆的变化。也许你会觉得不可思议，但事实上，这是真的。可想而知，假如你在工作中释放出了热情，把工作当成了事业来做，会收获什么样的结果？不用多想，肯定是两个字——成功。一个能够在工作中释放出热情，把工作当成事业来做的人，一定可以获得成功。

兰德是一个非常有上进心的人，在他还是一个少年时，就要求自己有所作为。那时候，他把自己的人生目标不可思议地定位在纽约大都会街区铁路公司总裁的位置上。

虽然家庭情况不容乐观，但他却还是朝着这个目标坚定不移地走了下去。为了实现梦想，他从13岁开始就自谋生路。他并没有上过几天学，但却依靠自己的努力，不断地利用闲暇时间学习，并想方设法向铁路行业靠拢。

功夫不负有心人，后来经人介绍，他终于进入了铁路行业，在铁路公司的夜行货车上当了一名装卸工。尽管每天又苦又累，薪水也很低，但他却心态调整得很好。他把工作当成了自己的事业来做，始终保持着一种愉悦快乐的心态。对于他来说，这是一次十分难得的机遇。在愉悦和快乐的心态下，他释放出了自己所有的热情。他认真地学习，认真地工作，从来不因为劳累而懈怠。他总是能够把工作做到最好，他总是精神饱满，是整个公司最有活力的人。

由于他从事的是临时性的工作，工作一结束，他立刻被解雇了。这个时候怎么能走呢？于是，他找到了公司的一位主管，告诉对方，自己希望能继续留在铁路公司做事。他甚至对主管说，只要能留下，做什么工作都可以。对方被他的真诚和热情所打动，让他到另一个部门去做清洁工。很快，他通过自己的热情，成为邮政列车上的刹车手。

无论做什么工作,他始终没有忘记自己的目标和使命。他已经习惯了把工作当成事业来做,不断地补充自己的铁路知识。一晃30年过去了,现在,兰德已经是这家铁路公司的总裁了,但依然废寝忘食地工作着。他还在时刻释放着热情,从来不曾减少半分。

对待工作,有人做一天和尚撞一天钟;有人只做虚功,不求实效。但是有的人,却充满热情,勤奋扎实,兢兢业业,把工作当成事业。我们可以放言:把工作只是当成工作的人,往往一事无成;把工作当成事业的人,往往成就非凡。其实这两者之间的差别,就在热情二字。后者释放出了藏匿的热情,所以可以攻城略地,战无不胜。而前者却没有热情,没有了热情的人,自然也就没有了爆发的动力,只能算是一台机械工作的机器,永远不会有任何成就。

那么,在工作时,我们有没有把工作当成事业来做?有没有释放出了自己的热情?或者,我们现在还没有热情,只是在凭空等待?还是那句话,热情其实就像一团火,它的燃烧需要有条件支持,不能凭空自燃。它的燃烧条件,就是心态。我们把工作当成事业来做了吗?有没有热情,就看这里。

## 6.不要等待,让热情之火持续燃烧

一堆熊熊燃烧的篝火,温暖无限。可是,如果我们想让这堆火持续为自己提供温暖而却什么也不做的话,那根本就不可能。燃烧得再旺的一堆火,如果没有木柴的投入,也只能是慢慢熄灭。热情,其实就是一堆正

在燃烧的篝火，要想使其持续燃烧，我们就不能等待，而是要投入行动。只有这样，才能让热情之火持续燃烧。

但事实上，在很多时候，我们却总是习惯于让热情之火在等待中慢慢熄灭。想想看，我们是不是有过类似的体验？刚开始做一项工作的时候，我们热情满满，恨不能一蹴而就，马上完成这项工作。可是，当途中遇到一些小问题、小挫折的时候，我们却害怕了、退缩了，不再去想方设法地解决问题，而是站在了问题面前。我们在等待，等待着问题自行解决。可是，问题真的能自行解决吗？等着等着，问题没有解决，我们的热情之火，却因为失去了“燃料”的供给，而开始慢慢熄灭。

没有了热情，就算那些亟待解决的问题最终烟消云散，我们也无法做好任何事情了。所以，千万不要等待，一定要让我们的热情之火持续燃烧。

国际互联网上曾经流传着一个非常有意思的“国际玩笑”：说是如果比尔·盖茨在西雅图大街上掉了一张1000美元的支票，他也懒得去捡。为什么？因为他那时的财富增长速度，已经达到了每秒2500美元，弯腰去捡那张支票至少要耗时4秒钟，那可就是10000美元。这虽然是一个玩笑，但却真实道出了比尔·盖茨赚钱的惊人速度。

比尔·盖茨是以知识为资本的“知本主义”时代的宠儿，他为人类开创了“盖茨之年”，使自己成为“比上帝还富有的人”。他19岁的时候，以满腔创业的热情，以3000美元起家，在自己的车库创办微软公司。那个时候，他甚至放弃了自己哈佛大学的学业，转而创办企业。他的热情之火，正在熊熊燃烧，他不愿意让时光掳走了热情，让梦想在等待中变成泡影。

因为没有等待，因为让热情之火一直熊熊燃烧，10年之后，他就成为身价数亿美元的富豪。又过了10年，他又成为了身价数百亿美元的富豪。而安德鲁·卡耐基炼了三十多年钢，才不过修炼成为百万富翁。

比尔·盖茨那张阳光灿烂的娃娃脸似乎有着某种象征意义：在“知本主义”时代，财富属于年轻人！其实，他那张娃娃脸还有另外一重意义：如果你能保持着热情之火持续不断地熊熊燃烧，那么你就可以纵横人生。

谁说不是呢？热情的态度与行动之间的关系，就如同汽油和汽车引擎。没有汽油，汽车是发动不起来的。没有热情，无论我们把计划做得多好，那么行动也只能搁置在浅滩上。做事情的时候，我们不仅要有热情，还要有足够的热情，不能三天打鱼，两天晒网。想想看，如果比尔·盖茨有了创办公司的念头，但却因为还在念书为由，而选择了等待，那又会是一种什么样的情形？或许，他会在大学毕业后再开创自己的微软帝国。但或许，他会因为热情的消逝，而选择找一份理想的工作也未可知。总而言之，如果他选择了等待，那么随着热情之火的暗淡，他的人生，也就未必如今天一样辉煌。当然了，我们并不是鼓励大学生还没有毕业就出来创业，我们只是想说明一个道理：无论你做什么事情，当你满腔热情的时候，千万不要等待，要拿出行动。如若没有行动，在等待中你的热情之火可能就会慢慢暗淡。

有一位青年大学毕业后来到了纽约，他想要找一份工作。由于没有什么经验，刚开始的时候，为了谋生，他只好选择了一份不太理想的工作。刚刚走出校门，他有着一股少年人的冲劲和热情，虽然工作不太理想，但他却还是很卖力。他觉得，这是一个锻炼自己的好机会。可是，一个月后，他的工作劲头却没有了。

原来，他拿到的薪水，和别的员工相差很多。别的员工告诉他：只要你能在这里熬下去，时间久了，就会拿的和我们一样多。他明白了：在这里，工龄才是一个员工薪水的基础。既然如此，那为什么还要如此拼命工作呢？

于是，他也开始等待，等着自己的薪水慢慢涨起来。他开始每天都抱着无所谓的态度去上班，表情木讷，精神颓废，工作时总是心不在焉，找各种借口应付上司交代的工作。他的热情之火，在等待中开始慢慢暗淡，再也没有了刚开始来的时候的劲头。

两三个月后，他觉得自己的工作压力越来越大，生活越来越没有意思，几乎快要崩溃了。他开始不断地抱怨和感叹："难道职场生活就是这样的吗？我简直就是行尸走肉。早知大学毕业是这样，我还不如在农场干活呢！"在重重压力之下，他的工作状态更差了。最终他被公司解雇了。

他心灰意冷，觉得自己的人生已经走到了尽头。他对自己的生活再也不抱有任何幻想，而是整天窝在出租屋里酗酒度日。

由于经常去附近商店里买酒，他结识了商店的老板。商店老板在了解了他的情况之后，对他说："小伙子，我可以改变你目前的状态，让你的生活变得有意义起来，让你能够实现自己的梦想。但是，你必须要答应我一个条件，那就是，到我的商店里来工作，而且不能要任何报酬。"

他想了一下，答应了商店老板的提议。在他看来，商店老板只是一个市侩的小商人，不过是为自己赚取一个廉价劳动力罢了，怎么能真正帮到自己呢。之所以答应对方，是因为，他需要做一些事情，来改善自己低迷的心情。

但是，让他没有想到的是，他的生活真的在这家商店里发生了一连串不可思议的变化。在商店里，他认识了一个女孩。这个女孩也是这家商店的员工。从这以后，他开始对生活充满热情，对工作充满热情。他认为上帝对自己太好了，在穷途末路时，却将要展开全新的生活。他开始努力工作，不断地以崭新的姿态对待每一天。

在这种状态下，他开始意识到热情的魔力，意识到热情能鼓舞和激励自己采取积极的行动，让整个身体充满活力，使工作与生活不再显得辛苦和单调。他更加意识到，当拥有热情的时候，千万不要等待。因为等待，会让热情之火暗淡，会使一切变得更加糟糕。

这一次，他没有等待，没有让自己的热情之火在等待中慢慢暗淡。他热情蓬勃地工作，热情蓬勃地生活。他的工作越做越好，而那个女孩子，也最终成了他的女朋友。他很开心地对女孩子说："热情能改变生活，热情给了我新的生活，我的生活因为热情而变得更好。”

热情是点燃生命的火种;热情是照亮前程的心灯,只有当我们的内心充满了激情澎湃的热情时,我们才能更加积极主动,行动也才会显得坚实有力。也只有这样,我们的人生,才能在此基础上绽放出绚丽的色彩。当然,只有热情还不够,如果我们空有热情而不主动行动的话,那么热情之火也会慢慢暗淡,一切也将成为空谈。

所以,无论什么时候,都不要等待,不要让热情之火在等待中慢慢暗淡。我们要主动采取行动,让自己的热情之火持续燃烧。伊尔说过:“离开了热情是无法做出伟大的创造的。这也正是一切伟大事物所激动人心的地方。离开了热情,任何人都算不了什么;而有了热情,任何人都不可以小觑。”热情是世界上强大的力量,是一切行动的源泉。

你一定要让自己的热情之火,持续燃烧!

第三章

# 自信工作，莫让自信在等待中沉睡

一个人要想成功，不仅仅需要非凡的才干，还需要强烈的自信。何谓自信？简言之，自信就是自己相信自己。自信是人对自身力量的一种确信，是个人对自己所做各种准备的感性评估。这种对自己充分肯定的积极心态，是战胜困难取得成功的能源力量。一个人拥有自信，就可以从平常走向辉煌；可以从绝望看到希望；从暗淡走向光明；从眼前走到更远的地方。自信是一个人成功的基石，任何人想要得到成功，都必须拥有自信。可是，现在我们还有自信吗？我们的自信，是否已经沉睡在了等待中？

# 1. 自信是成功的第一秘诀

成功,是一个很诱人的字眼。每个人都渴望获得成功,都想寻找到成功的秘诀。可是,世界上到底有没有成功的“秘诀”呢?对此,仁者见仁,智者见智。有人说,能否成功在于是不是胸怀大志;有人说,成功与否取决于是不是勤奋;还有人说,成功的关键在适时把握机遇。但是,无论成功的方法有多少种,所有想要得到成功的人,都必须是一个自信的人。

我们很难想象,一个不自信的人如何胸怀大志、如何勤奋和善于把握机遇。爱迪生说过:“自信是成功的第一秘诀。”美国哈佛大学博士华德卢在《影响成功的八项致命缺陷》一文中,首推“永远觉得自己不够好”这一缺陷,他同样认为,是否自信是能否成功的关键。因为只有自信的人,才会充满激情地行动起来,才不会在工作中徘徊等待,才会积极努力地去发挥自己的能力。

“自信是成功的第一秘诀”,这也是爱迪生对自己一生经历的总结。

自信改变了爱迪生的命运,引领他走向成功之路。孩童时的爱迪生在学校里不好好听课,经常提奇奇怪怪的问题,也爱闯祸,因此,老师认为他是低能儿,并且不让他到学校继续上学。但是,爱迪生的妈妈南希却并不这么认为。她把爱迪生带回家,并对他说,他是一个很棒的孩子,给予了他极大的鼓励。

在母亲的教育影响下,爱迪生信心大增,这个曾经的低能儿成长为最伟大的发明家,他一生共完成了1093件发明。

在爱迪生的发明过程中,他也饱受外界的质疑。但是,童年养成的自信给了他坚持和动力。我们现在用的灯泡,当初可是费了爱迪生一番工夫。当他尝试着在一千多种材料中挑一种最耐用的材料来制作灯丝时,周围的人们都嘲笑他。但是,强烈的自信让他抵受住了外界的声音。他坚持做实验,终于发现了钨丝是最适合做灯泡的灯丝。他发明的灯泡照亮了全世界,他的自信为自己赢来了巨大的成功。

自信和成功,总有着一种特殊的关系。自信可以为我们带来无与伦比的勇气,信心满满地去做一件事情;自信还可以在我们对事情失去信心的时候,及时补充战斗的能量。它能让我们从困难的泥潭里走出来,走向自己人生光辉的顶点。

我们可以放言:无论任何人,想要获得成功,都必须要有自信。

美籍华裔科学家钱致榕1982年访问南京大学时,谈到他中学时的一件事:

那个时候社会风气很坏,很多学生不求上进,一位有经验的老师,从300名学生中抽出60名组成荣誉班,钱致榕也是其中的一个。老师告诉大家,荣誉班的学生都有着极大的发展前途。为此,大家都非常高兴。

从这以后,钱致榕一改松散的毛病,对自己的学习充满了信心。他在学习上更加认真自觉,更加勤奋努力。结果,奇迹出现了,荣誉班的同学成绩越来越好,而且这个班的大部分学生后来都成了有成就的人。

事情本来没有什么出奇的地方,可是,在钱致榕回国后再见到那位老师时才知道,当时荣誉班的学生是他临时抽签决定的,没有进行专门挑选。

多有意思的一个小故事!300名学生,随机抽出了60名,里面肯定有优有劣。可是,为什么不论优劣,他们大多都会成绩越来越好?原因很简单:荣誉班,给了他们自信。因为有了自信,他们发挥出了自己最大的潜能，结果扶摇直上。

我们常说："心有多大，舞台就有多大！"这绝不是臆想。美国的马尔腾也说过类似的话，他说："你的成就的大小，往往不会超出你的自信心的大小。拿破仑的军队绝不会爬过阿尔卑斯山，假使拿破仑以为此事太难的话；同样，在你的一生中，绝不能成就重大的事业，假使你对于自己的能力存在重大怀疑的话。"自信心对于成功，真的是很重要！这一点，毋庸置疑！

在生活和工作中，常常会有不自信的坏情绪困扰我们。当我们遇到困难的时候，会因畏惧而不自信；当我们遇到挫折的时候，会因自卑而不自信；当我们看到别人优秀的时候，会因怀疑自己而不自信；当我们凝视远方的时候，会因为看不到目标而不自信。甚至有时候，不自信就是一种天生的性格，跟在我们身边，如影随形。

这个时候，我们必须学会去克服它，让自己变得自信起来。我们甚至不能等待，因为在等待中，不自信的黑影会无限扩张，甚至成为遮天黑幕，遮挡住我们生活的阳光。

面对生活和工作中的坎坷，有时候我们总会叹息，感慨自己总是碰壁，感叹自己生活中的不如意。这个时候，我们在做什么，我们知道吗？我们这个时候是在等待，在叹息中等待，在迷茫中等待。我们的自信，会在等待中悄然被消磨殆尽。我们真的要止住脚步，怨天尤人吗？我们真的仅剩下可以感慨的力量了吗？我们真的，除此之外，没有明天了吗？当然未必！只要还拥有自信，那我们就还拥有一切。这个时候，我们需要反思自己！我们要对自己说：我并不需要感慨，我需要的是自信。我仍还有很多潜能在等待挖掘，当自信到来的时候，一切都会随之而来。

真的，当自信到来的时候，一切都来了！

自信是我们每个人都要拥有的一种心态。不管是在工作中还是生活中，我们总是难免会遇到这样那样的困难。困难来了，算不了什么，因为我们有自信！成功人士和失败人士最大的区别就是，有没有自信。所以，当遇到困难的时候，我们是拿出自信勇敢面对，还是害怕恐惧选择逃避？答案自然是肯定的，但是我们还是要说，自信是成功的第一秘诀，是我们唯一的选择。虽然在很多时候，我们拿出自信去努力、去争取，最后不一定能够获得成功，但如果我们懦弱害怕，那肯定只有失败。

世界上有很多身处逆境，但充满自信、自强不息、奋斗向上，最终获得辉煌成就的人。他们的自信心态，值得我们好好借鉴。

古希腊著名演说家德摩斯梯尼，原先患口吃病，幼年结巴，语音微弱，演说时常被人喝倒彩。但他始终对自己信心满满。为了克服口吃，他每天清晨口含小石子，呼喊练习。终于，他成为口若悬河、辩驳纵横的演说家。

还有很多这样的人。张海迪、海伦·凯勒、屈原、司马迁、贝多芬等古今中外名人，他们无不是在逆境中，用满腔的自信跨越逆境的。

看看，面对他们那些令人艳羡的成就和战胜逆境的强烈自信，我们又有什么理由来抱怨现在的生活？我们又有什么样的理由，在抱怨中等待和逃避？我们必须想到，逃来逃去，我们的自信心，会像沙漏里的沙子，越来越少。试问：若一个人总是对生活、对工作报以这样的态度，他们怎样才能获得成功？莎士比亚曾说过："对自己都不信任，还会信任什么真理。"要想进步，要想成功，先要赏识自己，自信生活。

哲学家克劳蒂娅说："自信对一个人一生的发展所起的作用，无论在智力上、体力上，或者是在处世能力上，都有着基础性的作用。一个缺乏自信的人，便缺乏在各种能力发展上的主动积极性。"自信是对自己的认可，是对成功的信念，它可以让一个人从平常走向辉煌，可以让一个人从绝望中看到希望，可以让一个人从暗淡走向光明。它提供给我们，走向成功的绝大部分能量。有了自信，我们才能真正走向成功。

可不是嘛！

因为自信，陷入深渊时，我们才会有力量去排解；因为自信，坠入低谷时，我们才有勇气去突破；因为自信，面临困境时，我们才会坚信"山穷水尽"后有"柳暗花明"；也因为自信，受到功名利禄考验时，我们才会做到"宠辱不惊，静观庭前花开花落；去留无意，坐看天上云卷云舒"。因为有了自信，我们才能在职场生活中纵横捭阖，所向披靡！

我们拥有自信吗？不管以前我们有没有自信，那么从现在起，我们必须要有自信。

2.

## 强大的内心足以战胜一切困难

我们的工作，不可能是一帆风顺，总会遇到各种各样的困难和挫折。可是，有什么关系呢？只要我们拥有强大的内心，就不会因为失败而沮丧，不会因为困难而退缩。强大的内心可以使我们不畏艰难，不怕挑战，直达成功。

那么，什么样的人才是内心强大的人呢？

内心强大的人，一定有着坚定的信念。他们相信自己，坚信自己可以成功。这种信念不是口头上的，而是发自内心深处。这种信念使他们不断坚持，时刻保持自己最佳的状态。因为有了这种信念，他们就像是一个个上紧了发条的时钟，永不停歇地向前。正是因为如此，一个内心强大的人，永远可以轻松战胜一切困难，活得淡然而又富有活力。

他们不仅仅是事业上的成功者，也往往是生活中的强者。

内心的强大，不仅仅只是知识渊博，更是丰富的人生阅历和广阔视野的体现。这种内心的强大，常常意味着他们极其自信。可是，这些还不够，内心强大者的自信，又常常来自于他们深刻意识到自己的浅薄，以及对工作和生活深深的敬畏。别急，这种敬畏不是恐惧，而是对工作生活更加认真的态度。正是有了这种态度，他们可以永远保持学习和探索的精神，越行越远。他们还会有一种特别的开放意识与开放心态，在工作中，他们对于任何不同的声音都能够认真听进去，能够用自己的头脑再想一想，对自己自信的东西仍然保持一分警惕。

所以，他们更能做到宠辱不惊，不会因为成功而沾沾自喜，也不会为失败而垂头丧气。不管身处顺境还是逆境，他们都会内心平和，充满自信，而且非常快乐。

李连杰的电影大家都看过，但李连杰的一些故事可能鲜有人知道。这个在荧屏上风光无限，看似一帆风顺的大明星，生活中却经历过种种磨难。他正是用超乎想象的强大内心，取得了今天的成就。

李连杰在朋友圈有个外号，叫“死过100次的生还者”。从小父亲就过世了，迫于家庭生活的压力，小小年纪的他只好加入武术队，靠每个月微薄的补贴养活全家。生活的艰辛，让他比普通学员更加努力。

从11岁开始，他连续5次拿到全国武术比赛冠军。在18岁时，他更是因为拍摄了《少林寺》而一夜成名。他以为，自己从此摆脱了人生的磨难，走上了光辉大道。可是，苦难却还是接踵而来。

第二年拍戏时，他不小心摔断了腿，差点儿成为废人。他的人生，开始进入了低谷。幸好，他的内心足够强大，这点儿困难并没有吓倒他。他清楚地知道，做一个好的演员，只有好身手是不够的，必须要有坚强的意志，必须在困难面前昂首挺胸，大步前进。他没有因为困难而等待，这段时间里，虽然事业停滞了，但他却潜心学习，进步极大。

终于，他赢来了事业上的明天，拿到了主演《黄飞鸿》的机会。《黄飞鸿》系列电影的大卖，让他的事业又迎来了曙光。

好事多磨，正当他准备再次飞翔的时候，他的经纪人却遭黑道枪杀。这件事对他的影响极大，使他的事业再次陷入低谷……

何去何从？面对人生和事业的大起大落，他从未退缩等待，而是积极地采取了行动。他的强大内心，为他赢来了机会。经过不懈的努力，他终于再次渡过难关，事业走上了正轨。但是，困难还远远不止于此。他真正的难关，是在好莱坞。

初到好莱坞的时候，虽然有台湾老板杨登魁相助，花了上亿元帮他打造形象，给了他机会。但是，人才济济的好莱坞并不愿意接纳这个身高仅有170公分的华人。甚至有一次在片场，导演把剧本摔到他脸上，冷冷地问他：“你是不是不懂英文，所以剧

本没看懂?”

这样的打击,何其惨烈!内心强大一如李连杰,也有些忍受不住了。他甚至踌躇起来,在考虑来好莱坞是不是错了。他有了等待的念头。他把自己的苦衷告诉了一位少林寺里的师父,没想到师父听了却淡淡地说:“这些年你吃了不少苦头,但回过头来想一想,是现在的你强大,还是过去的你强大?一切困难,都是为了让你变得更强大!既然如此,那又有什么关系呢?”

回想起自己半生的经历,他释然了。那些曾经的种种困难,在他眼中已经变得不值一提。他抖擞精神,收起了等待的念头,又开始了自己人生的奋斗。

从那以后,他不再惧怕任何困境,反而对困境抱着一种“欢迎”的态度。他在困境中慢慢修炼自己,让自己内心变得更加强大起来。直到2007年,他在好莱坞的片酬已经到了1500万美金,成为亚洲演员之最。出色的表演,使他在全球拥有众多的影迷。

内心强大的李连杰,通过自己的努力创造了无与伦比的成就,赢得了世人的肯定和赞扬。

电影中的李连杰是铁骨铮铮的硬汉,身怀绝技,从精神到肉体都像铜铸铁浇,是大众心中的英雄。荧屏以外,他依然是生活中的英雄,因为他的内心无比强大。事实上,所有拥有强大内心,正视困难,懂得畏惧并最后战胜畏惧的人都是英雄。英雄这个称号,并不单单属于那些建功立业、名留青史的人。我们每个人,都可以做自己的英雄。挽狂澜于既倒、扶大厦于将倾,救他人于水火的普世英雄固然可贵,但拥有强大内心,能够战胜自己、战胜困难,做生活强者的那些人,也同样难得。

让自己的内心强大起来,做自己的英雄,我们都可以。是的,我们都可以!但是,关键要看我们敢不敢战胜自己,战胜困难,及时行动。

炸药大王诺贝尔一生中有355项发明,最引人注目的是研制的硝化甘油炸药。硝化甘油可因震动而爆炸,属化学危险品。在诺贝尔研制炸药的过程中,工厂曾经发生过爆炸,他最小的弟

弟埃米尔当场被炸死，他的父亲因受刺激引起脑溢血瘫痪在床。似乎在一瞬间，困难像山一样向他压来。

可是，在失败和痛苦面前，他没有动摇，没有停滞，也没有等待。因为，他的内心无比强大。伤痛过后，他继续投入实验。

由于危险太大，瑞典政府禁止重建这座工厂。被认为是“科学疯子”的诺贝尔，只好在湖面的一只船上继续进行实验，寻求减小搬动硝化甘油时发生危险的方法。在继续研制炸药的过程中，他一次次失败，但却屡败屡战。他从来没有气馁，即便是身上有了一百多处伤痕，即便是好几次死里逃生，他都没有退缩。

在一次雷管试验中，只听到一声声巨响，他的试验室飞上了天，他倒在了血泊中。当他从昏迷中醒来时，不是痛苦地呻吟，而是大声喊道：“我成功了！我成功了！”他真的成功了！雷管的发明是爆炸学上的重大突破，为开矿修路军工事业的飞速发展，创造了条件。他终于用自己的勇气征服了炸药，吓退了死神。他的成功，源自于他强大的内心！

真正内心强大的人，面对一切困难会无所畏惧，面对一切险境处之泰然。他们是生活的强者，就像诺贝尔。那么，我们是一个内心强大的人吗？不管曾经是不是，现在，如果我们想取得事业上的成功，内心就必须强大起来。

在工作中，我们不可避免地会遇到很多困难和挫折，如果内心不够强大，不够自信，那么任何一点小小的困难和挫折都会把我们击垮，使我们站不起来。不自信，胆小，自卑，总是患得患失等懦弱心理，最终将严重阻碍我们的发展。而一个内心强大的人，面对挫折从不气馁，相信自己终将战胜困难，那么肯定就可以战胜困难。

一个内心强大的人，无论外界有多少诱惑多少挫折，都会心无旁骛，固守着心中那份坚定。忍者无忧、智者无惑、勇者无惧，内心的强大可以战胜生活中工作中的许多困难。正因为如此，我们必须要做一个内心强大的人。

问问自己：我们的内心强大吗？如果我们的内心现在还不够强大，那又是为了什么？我们还在等待什么？

一定要让自己的内心强大起来，莫要等待！

## 3. 别再等待，等着等着自信就没了

我们已经知道，自信在工作中十分重要。可是，虽然自信很重要，但却也是最容易被人忽视的部分之一。当我们工作成绩不理想的时候，往往会把原因归咎于不够勤奋、不够聪明、工作经验太少等等，而忽视自信心理对工作的巨大影响；当我们遇到困难无法克服的时候，也往往会把原因归结于困难太大，根本无从克服等原因。事实上当然并非如此，所有问题的解决之道，就在我们心中。

我们应该明白，心理上的调整要重于工作方法上的努力。在工作中，拥有自信才能拥有更加积极主动的态度，才能够踏实地安下心来面对工作。自信是一种态度，是一个成功者必备的素质。因此，深信自己一定能做成某件事，实现所追求的目标，往往能让人走上成功之路。不过，遗憾的是，很多人却不够重视自信。更有甚者，完全忽略掉了自信，他们在等待中消磨了自己的自信。

看看身边：在工作会议上，有这么一种人，他们永远低着头，沉默寡言。难道他们没有工作计划和想法吗？不然，他们可能非常优秀，但是由于缺乏自信，不敢发挥自己的长处参与讨论。他们会认为，自己的意见可能没有什么价值，还是多听听别人的意见吧！当然，他们或许会觉得自己的想法不成熟，说出来会被大家嘲笑。不管原因如何，总而言之，他们选择了沉默，选择了等待，他们什么也不说。

不知道我们有没有这样的经历，可是，这真的不是一个很好的习惯。不敢发言的人，越等待会越没有自信，会越怕说出自己的想法。在很多时

候，人的自信就像一堆火，如果不能及时加入木柴，火只能是越燃越小。

有人会给自己找借口，他们说："别人可能都比我懂得多，我多学习一些经验，等下一次再发言吧！"想法是好的，但是，下一次，他们真的会拿出自信吗？未必！一次次的沉默，一次次的等待，只会让自信之火越来越暗淡，越来越微弱，这样下去，他们永远无法实现"下一次"这个计划。在无意之中，他们给了自信沉睡的机会，他们用等待，让自己的成长变得缓慢起来。

中华民族是个谦卑的民族，张扬并不被提倡，甚至在很多时候，适当的等待和矜持会被看成一种美德。很多人的想法是：等想清楚了再说，等考虑明白了再做。殊不知，在不知不觉的等待中，自信会像水分一样慢慢蒸发。我们应该谦虚，但谦虚和自信并不冲突。所以，莫要等待，相信自己可以，就一定可以。

有两只青蛙分别掉进了两只盛有半桶奶油的桶里。其中一只青蛙想："完了完了，肯定跳不出去了，只有等死了！"它不相信自己能够跳出去，求得生存。于是，它开始等待，没有做任何努力。等待的结果可想而知，随着等待的时间越久，它的求生意志越小。它身体开始慢慢下沉，很快就沉到了桶底。不久，它就窒息而死。

而另一只青蛙则认为，等待肯定只有死路一条，努力就会拥有希望。它相信，自己一定可以想到办法，逃出生天。于是，它拼命地游啊游啊，四处寻找出路。不久，奇迹发生了，它的游动起到了搅拌作用，奶油很快凝结变稠。自然的，这只青蛙顺利地跳了出来，得以逃生。

很有意思的一个小故事。自信和不自信，带来的结果，就是这么不一样。两只小青蛙，一生一死，皆是因为内心。那么，我们愿意做哪一只小青蛙呢？

在工作中，等待是自信的最大天敌。在工作中总是等待的人，往往对失败心怀恐惧，对困难心生畏惧，他们踌躇着，不敢迈出下一步，生怕陷入泥潭而无法自拔。每当遇到困难，或者要做出艰难抉择时，他们常常会以还没有准备好为借口，而等待下去。这样的借口，与其说是自我安慰，倒不如说是自欺欺人。他们之所以会觉得等待是一种不错的方法，那纯属于一种心理的自我慰藉。事实上，能起到作用吗？什么作用也起不到！他们害怕，越等待越害怕；他们徘徊，越等待越犹豫。越等待下去，他们的自信越少，就像第一只青蛙一样，只能慢慢沉入缸底。

还有些人，在面对工作上的失败时，会把原因归结为"没有机会""不会表现，上司没有看到自己的好""好不容易等来的机会被别人捷足先登""公司环境不公平"等等。是这样吗？我们不敢保证肯定没有这些原因，但这些原因却绝对不是主要的。最主要的原因，还在个人身上。那就是，他们没有自信！只要拥有自信，我们就可以把其他外因踢出去！就是这么简单！

1921 年 6 月 2 日，电报诞生整整 25 周年。美国《纽约时报》对这一历史性的发明发表了一篇社论，其中传达的一个重要信息是：现在人们每年接受的信息量是 25 年前的 50 倍。如何让人们在浩如烟海的信息中尽快获得自己需要的东西呢？面对这一问题，当时在美国至少有 16 人做出了同样的反应，那就是要创办一份文摘性刊物。

这 16 人中，有律师、作家、编辑、记者，甚至还有一位国会议员，他们都认为这类刊物必定有广阔的市场。在不到 3 个月的时间里，他们都到银行存了 500 美元的法定资本金，并领取了执照。然而，当他们到邮电部门办理有关发行手续时，却被告知，该类刊物的征订和发行暂时不能代理，如需代理至少要等到明年年中选举过后。

面对突如其来的变故，其中的 15 人选择了等待，他们觉得不过是晚一年创刊而已，没有什么大不了。为了免交执业税，这 15 个人甚至向管理部门递交了暂缓执业的申请。只有一位叫德威特·华莱士的年轻人没有理睬这一套，他知道机遇稍纵即逝，等到万事俱备的时候，机会或许已经溜走了。成功的路上有阻碍，也就一定会有解决的方法。他回到他的暂住地——纽约格林威治村的一个储藏室，和他的未婚妻一起糊了 2000 个信

封，装上征订单运到邮局寄了出去。

事情虽然不太好办，但他依然努力着。他相信，只要努力，就一定会有成功的希望。而那其余15个人，却没有一个再次采取行动。他们在等待中，慢慢消磨了自信，认为现在做不可能成功。那么到底能不能成功呢？德威特·华莱士告诉了他们答案！

终于，拒绝等待的德威特·华莱士成功了，他创造了世界出版史上的一个奇迹。

到2002年6月30日，德威特·华莱士创办的这份文摘类刊物已拥有19种文字、48个版本，发行范围达127个国家和地区，订户1亿人，年收入5亿美元。这份文摘类杂志就是我们熟知的《读者文摘》。

世界上聪明的人很多，而成功者却很少。正如和德威特·华莱士同时看到机遇的另外15个人，他们中可能有人知识更渊博，有人阅历更丰富，甚至有国会议员，他们可能比德威特·华莱士具备更多可以成功的基本条件，但是他们输给了等待。在等待中，他们等没了自信，等跑了机会。只有德威特·华莱士竭力抓住机遇，立即投身进去，即使遇到阻碍也没有停步。德威特·华莱士的成功告诉我们：成功者绝不甘于等待。

每个人都希望能够轰轰烈烈大干一番事业，没有人愿意在工作中碌碌无为。可是有的人总觉得想干事情却无从下手，他们渴望声名、财富和权力，可是却取之无门，望之无期。为此，他们常常自以为怀才不遇，常常感慨命运的无常。我们想说，不是命运无常，是人心无常。在现实生活中工作中，没有人会三番五次把机会送给我们，也没有人肯终日关注我们。我们只有拿出自信，相信自己的能力，才能真正把握住属于自己的机会。俗话说："智者创造机会，强者把握机会，弱者等待机会。"树上掉落的苹果砸过很多人的脑袋，但只有牛顿发现了万有引力。原因不言自明，他没有等待，没有让自信在等待中消失，抓住了机会。

文学巨匠莎士比亚说过："这种踌躇和犹豫，其实是对自己的背叛。当幸福之神来到眼前而不抓住，那是没有第二次机会的。如果遇事连试都不敢试，那他一生都不会与幸运有缘。"我们等待了吗？我们是不是连试试的自信都没有？朋友，越等待，你会越没有自信，而成功，也会离你越远。

## 4. 扔掉怯懦，走出萎靡不振的状态

直升机盘旋在几千米的高处，一个新兵背着跳伞装备，颤巍巍地站在机舱门口，准备他的第一次跳伞实践。

他从高空向下看，岛屿像小石块一样若隐若现，而岛上的房子、马路都已经看不见了。原本高大的树木已经看不清了，树木、草坪变成一片绿色丝带。所有景物，都像小蚂蚁一样。他感觉，自己甚至能触摸到白色的云。

真的要从这里跳下去吗？这么高，命运全部维系在降落伞上的一根绳锁上。降落伞会不会打不开？即使打开了，会不会在空中被风吹到很远的地方。万一不小心，像高处落下的西瓜一样。怎么办？新兵不敢再往下想。

班长用手示意新兵跳伞，但是他没有任何动作。看着这位新兵脸上紧张的表情，班长贴着他的耳朵，大声喊着："你怕吗？"这位新兵迟疑片刻，努力不去想那些可能的坏结果，但最终还是忍不住点头说："我很害怕。"

"其实我心里也很害怕。"班长接着说，"但是，我们一定能完成这次跳伞运动，不是吗？"

听了这句话，新兵顿时放松很多，原来连班长也会感到害怕，但他还是能完成每一次的任务，自己一定也行。

新兵深吸了一口气，从高空一跃而下，顺利地完成了首次跳

伞任务。当他从高空中缓缓地降落在地面上，他成了一名真正的伞兵。

许多年以后，菜鸟变成了老鸟，当遇到一样的情景，老鸟也不忘在机舱口问一句："你怕吗？"然后，他告诉新兵："我也怕，但是，扔掉怯懦，我们一定做得到。"

怯懦不可怕，它就像是一个包袱，背在我们肩上，只要扔掉，我们就可以一身轻松。可怕的是，怯懦往往会带来不自信，它让我们对自己失去信心。无论做任何事，我们都必须像班长一样，可以害怕，但却不能够输给怯懦。对于一个怯懦的、不自信的人来说，一切都是不可能的。想想看，采珠人如果被鳄鱼吓住，怎能得到名贵的珍珠？

事实上，心中怯懦的人，从来都不是一个自由的人。害怕的事物未必会真的出现，可是自己却会被种种恐惧、忧虑包围，无法看到前面的路，更看不到前方美丽的风景。正如那个跳伞的新兵，畏惧的坏后果并没有发生，当他克服了自己的怯懦，翱翔在空中时，他享受到的是另一种风景和愉悦。当然，还有成功的快乐。

美国最伟大的推销员弗兰克说："如果你是懦夫，那你就是自己最大的敌人；如果你是勇士，那你就是自己最好的朋友。"怯懦是自信的摧毁剂，常常使人陷入萎靡不振之中，影响我们的工作和生活。我们都会有怯懦的时候，如果不能及时扔掉怯懦，它就会慢慢地影响我们的生活，改变我们的自信。让自信，离我们远去。怯懦的人，往往会遇到这样一种情形：即便自己认为是正确的事，在经过深思熟虑之后，也仍然不敢去做。因为他们害怕，他们不敢。

可是事实上呢？他们的害怕，未必真的会发生。退一万步讲，即使发生了，又如何呢？

怯懦者会有很多害怕的地方，他们害怕面对冲突，害怕别人不高兴，害怕被别人否定，害怕丢面子。所有的害怕，像是一个个沉甸甸的包袱，压得他们喘不过气来。于是，他们会更加害怕。正因为如此，在面对工作中的挑战时，他们往往会因为怯懦而退避三尺，缩手缩脚，使自己错过许多进步提升的机会。不仅害怕挑战，面对同事时，他们也唯唯诺诺，谨小慎微，生怕说错话办错事，害怕一点点过失影响了自己的形象。于是，他们变得内向起来，甚至孤立起来。因为怯懦，他们变得萎靡不振，提不起来精神工作，拿不出劲头儿生活。甚至，他们只能在等待中，悄然等待，像是角落里的老鼠，在等待黑暗。

他们等来的结果是什么，我们都应该知道。

其实归根结底，怯懦还是一种极度不自信的表现。害怕什么呢？为什么要害怕？如果可以拿出自信，这些害怕，会马上变得无影无踪。我们有理由相信，那个伞兵在再次跳伞的时候，会更加从容自如。

萧伯纳是个自信心极强的人，他笔锋所向，辛辣无比，世界各地都流传着许多他自信、诙谐的故事。可是，小时候的萧伯纳竟也是个怯懦的人。

有一次，他有事情找校长。可是，校长平时的“威严”在他心里留下了极深的印象，他竟然有些害怕。他来到校长室门前，想敲门进去，可手刚刚举起又放了下来。犹豫了好一阵，他决定还是要进去。不过没走几步，他又折了回来，因为害怕。每一次折回的时候，他都告诉自己：这次一定要进去！可是，当再次走到校长室门前时，他往往又会失去了勇气。

“我说这话，人家会笑话我吧？”“该不会让人以为我在出风头吧？”就这样，萧伯纳在校长室门前徘徊了三十多分钟，但是，最终他还是鼓足了勇气，战胜了怯懦，敲响了校长办公室的门。

怯懦感像苍蝇一样，无时无刻不在影响着萧伯纳。他十分清楚，这种心态是极度不自信的表现，会让自己变得萎靡不振，难以成功。他不愿意那样，不想让怯懦将自己的亮点淹没，从此做一个萎靡不振的跟随者，庸庸碌碌。他下决心要从怯懦中走出来，找回自信。

想要克服怯懦并不容易。他试着在众人面前讲话，可是，小腿却在不知不觉中直打哆嗦。他知道内心的怯懦又来作怪了，便有意识地不断延长自己的讲话时间。他知道，只有给自己机会和时间，慢慢找回自信，才能真正赶走怯懦。他一直下意识地锻炼自己，并试着接受一些积极的因素。他从不等待，从不放任怯懦，给其生长的土壤。最终，他由怯懦的性格中一步步走出

来，成为具有坚定信念和充满自信力的人。

很多人都曾有过萧伯纳这样的经历：怕羞、自卑、多虑、爱面子，怕人耻笑。因为这些怯懦因子，他们从不敢越过“雷池”一步。他们不敢跨出去，终日只能与怯懦为伍。结果，他们终日只能生活在萎靡之中，一事无成。这样的情形，听起来都觉得可怕。那么，我们还在等待什么呢？为什么还不能扔掉怯懦？

唐末宋初，宋太祖赵匡胤肆无忌惮地威胁欺压南唐。南唐镇海节度使林仁肇有勇有谋，听闻宋太祖在荆南制造了几千艘战舰，便向李后主奏禀：赵匡胤的目标，是图谋江南。南唐爱国将士获知此事后，也纷纷向李后主奏请，要求前往荆南秘密焚毁战舰，破坏宋朝南犯的计划。可李后主却性格怯懦、胆小怕事，不敢准奏，而是等待观望。结果，这给了宋朝南侵的良机。

后来，南唐国灭，李后主沦为阶下囚，苟延残喘。虽然李煜在诗词上极有造诣，然而作为一国之君，他却因怯懦而成为一个彻彻底底的失败者。他没有能力保护臣民，没能力保护亲人，甚至没能保全自己，怯懦让他付出了巨大的代价。

人非圣贤，孰能无“惧”？没有人能够完全摆脱怯懦和畏惧，最自信勇敢的人也难免会有懦弱胆怯、畏缩不前的心理状态。但是，有归有，聪明的人知道必须将其抛弃，找回自信。因为，如果使它成为一种习惯，它就会成为情绪上的一种积弊，使人萎靡不振，陷入过于多虑、犹豫不决的等待状态中。想想看，在确定目标之时已有恐惧，没有行动就已经战栗，稍有挫折时便退缩不前，这样的状态，会成功吗？没有人敢说这样的状态可以成功。正如法国著名的文学家蒙田所说：“谁害怕受苦，谁就已经因为害怕而在受苦了。”当我们因为害怕失败裹足不前的时候，消积等待的时候，就已经失败了。

莫等待，扔掉怯懦，拿出自信，才能走向成功。

## 5. 摒弃自卑，相信自己一定能行

在瞬息万变的人生旅程中，是否自信影响着我们的人生。我们的心态不同，拥有的生活也将大不相同。心理学家常说，“自卑带来失败人生”。那么，自卑究竟是什么呢？

自卑是一种消极的自我评价或自我意识。一个自卑的人往往过低评价自己的形象、能力和品质，总是拿自己的弱点和别人的强处比，觉得自己事事不如人，在人前自惭形秽，从而丧失自信，悲观失望，不思进取，甚至沉沦。关于这个问题，斯宾诺莎曾总结道：“由于痛苦而将自己看得太低就是自卑。”

自卑的人总感觉处处不如别人，自己看不起自己，“我不行”“我没希望”“我会失败”等话总是挂在嘴边。自卑的人往往自尊心极强，自卑与自尊经常会发生冲突，这种冲突会造成极其浮躁的心理。在工作中，我们见到过很多比较自卑的人，他们不苟言笑，在会议上不敢大声说话，常常独自一个人在某个小角落里默默注视着他人。他们总会觉得别人很好，而自己却一无是处。在他们的心目中，别人是太阳，而自己却是黑夜。

可想而知，这种人在工作中很难成功。因为，他们的内心世界一片黑暗，他们的朋友圈子一片荒凉，他们少有朋友，在工作中也难以和同事默契配合。自卑感就像是一个大大的毒瘤，时时刻刻在影响着他们，危及他们的人生和工作。可以说，我们一旦被这种危险的自卑感主宰，那么工作也变成了一种痛苦。

不过，在生活中工作中，总是会有很多人一直生活在自卑感中。他们也意识到了自卑感的危害，也想让自己摒弃自卑，但却总是无法摆脱自卑。请不要误会，我们并不是说他们没有能力摆脱自卑，他们只是习惯于等待，没有切切实实地拿出行动来摆脱自卑。可以说，在等待中，他们助

长了自卑感的气焰，使得自卑感更加嚣张起来。

在很多时候，我们总是会不自觉地走出一个怪圈。我们想要摆脱自卑感，却又总是在等待，结果自卑感反而更甚。于是，在反复的等待中，自卑感像是扎根在了我们内心，再也不走。结果就是，我们的自信没了，成功也没有了。

1951年，英国人弗兰克林从自己拍得极为清晰的DNA（脱氧核酸）的X射线衍射照片上，发现了DNA的螺旋结构，就此还举行了一次报告会。然而弗兰克林生性自卑，总觉得自己能力不足，总是怀疑自己论点的可靠性。后来，他竟然放弃了自己先前的假说。

可是，就在两年之后，霍森和克里克也从照片上发现了DNA分子结构，提出了DNA的双螺旋结构的假说。这一假说的提出标志着生物时代的开端，因此他们双双获得1962年度的诺贝尔医学奖。

假如弗兰克林是个积极自信的人，坚信自己的假说，并继续进行深入研究的话，那么这一伟大的发现，将永远记载在他的英名之下。只可惜，因为自卑，因为缺乏自信，他只能遗憾地与成功失之交臂。

与弗兰克林不同，世界著名交响乐指挥家小泽征尔的成功正是源于他对自己绝对的相信。在一次世界优秀指挥家大赛的决赛中，他按照评委会给的乐谱指挥演奏。在演奏过程中，他敏锐地发现了不和谐的声音。

起初，他以为是乐队演奏出了错误，就停下来重新演奏。但第二遍的时候，还是不对，于是他又指挥着重新演奏了一遍。但是，还是不对！强烈的自信使他认为，一定是乐谱有问题。他果断地停止了演奏，找到了在场的评委。让他意想不到的是，在场的作曲家和评委会的权威人士都坚持说乐谱绝对没有问题，是他错了。

面对一大批音乐大师和权威人士，他思考再三，最后斩钉截铁地大声说："不！一定是乐谱错了！"结果怎么着？结果，评委席上的评委们全体站起来，报以热烈的掌声，祝贺他大赛夺魁。

原来,这是评委们精心设计的"圈套",用以检验指挥家的音乐基本功。当然,这只是次要,他们还想以此检验指挥家对自己的自信。他们认为:一个出色的指挥家,不仅要有过硬的专业知识,还要有强烈的自信。只有指挥家自信,才能带着自己的乐队,奏出最美妙的音乐。在小泽征尔之前,有两位参加决赛的指挥家虽然也发现了错误,但终因随声附和权威们的意见而被淘汰。小泽征尔因自信,为自己摘取了世界指挥家大赛的桂冠。

我们看明白了吗? 小泽征尔只有自信,没有自卑。面对世界级的评委,他没有因为对方的身份而自卑,没有低声下气随声附和。他用自信,为自己赢得了胜利。这并没有夸大其词,想想看,倘若他失了自信,只有自卑的话,会出现什么样的情形? 毫无疑问,他会变得唯唯诺诺,没有底气。

德国哲学家黑格尔说:"自卑往往伴随着懈怠。"可不是嘛! 当我们自卑的时候,往往会选择"看",选择"等待",而非行动。原因很简单,因为没有自信,怕做不好事情。可是,懈怠过后,等待过后呢? 自卑,依然还是自卑。我们要想摆脱自卑,方法无他,只有找回自信,仅此而已。

一代球王贝利初到巴西最有名气的桑托斯足球队时,曾经害怕那些大球星瞧不起自己。为此,他竟紧张得一夜未眠。他本可以成为球场上的佼佼者,但却因为自卑,开始无端地怀疑自己,恐惧他人。这种自卑消磨了他的雄心、意志,使他自暴自弃、悲观泄气。他干脆放弃努力,消极等待。结果,恶性循环开始了,他在球场的表现可想而知。

后来他找到了问题的根源,他告诉自己,一定要相信自己,设法在球场上忘掉自卑与恐惧。慢慢地,他从紧张、恐惧、自卑感中解脱出来。因为不自卑,他的自信开始复苏,他又开始发奋图强,驰骋于球场上。越来越强的自信使他专注于踢球,相信自己一定能行,始终保持一种泰然自若的心态。从这以后,他以锐不可当之势进了一千多个球,成为最耀眼的"球王"。

球王贝利战胜自卑的过程告诉我们:只有摒弃自卑,不去怀疑和贬低

自己，相信自己一定能行，才能获得自信力量，最终走向成功。当然，当我们拥有自信的时候，切莫等待。因为不定哪一天，当自信暗淡的时候，自卑又会卷土重来。

在工作中，我们自卑吗？很多人看到同事比自己强，觉得很自卑。其实，看到同事比自己强，为什么要去自卑呢？每个人都有自己的优势与劣势，我们有些地方比不上别人，并不一定事事比别人差。就算我们什么地方都比别人差，那也无须自卑。天生的东西我们改变不了，但是经过后天的努力，我们一定可以赶上别人，甚至将其超越。在更多的时候，冷静地反思一下不如别人的原因，只要相信自己一定能做好，那就一定可以做好。

当我们被自卑感折磨的时候，当我们极度不相信自己的时候，当我们因为轻视自己，而俯首在角落的时候，当我们最终向自卑感妥协，悄然等待的时候，我们应该好好想一想：所谓的自卑，带来的是晴天还是雨天，是天堂还是地狱。

如何摒弃自卑的方法，我们已然讲过。那就是莫要等待，相信自己，相信自己一定能行。

## 6.唤醒自信，才能得到命运的垂青

一个人，不自信的原因有很多。

有的人，很在意别人对自己的评价和看法，对于别人的贬低往往悄然认同；有的人，喜欢用过高的标准来衡量自己，一旦达不到就觉得自己不行，从而产生不自信的心理；有的人，太过于敏感，错误地把别人无意识的否定当做讥讽，从而深深埋在心里，越深入越自卑；还有的人，对于现状及地位感到不满，习惯于和别人在物质生活和精神生活上进行攀比，结果是越比越低落，越比越自卑。

……

我们不自卑的原因，属于哪一种？

不管属于哪一种，从现在开始，我们必须唤醒自信，莫要等待。只有唤醒了自信，才能得到命运的垂青。

还是那句话，无论是在生活中还是在工作中，我们总会遇到坎坷，遇到不平。一帆风顺只能是童话，存在于小人书中。但是，坎坷如何？不平又如何？唤醒了自信，一切都将不再是问题。我们应该明白：顺境只会培养人的惰性和不思进取之心，而逆境却可以锻炼一个人的能力，使之成长，让其懂得人生真谛。平静的湖面练不出精湛的水手，安逸的工作造就不出伟大的成功者。当生活不如意时，当工作遇到阻碍时，当命运捉弄我们的时候，不要怨天尤人，不要茫然无措，要多给自己信心，给自己打气，相信自己一定能够战胜命运的挑战。真正可以帮我们的人，不是别人，而是我们自己。

所以，当自信酣然如梦的时候，我们要抓紧时间行动起来，唤醒自信。记得：莫要等待，晚一分钟唤醒自信，我们冲向成功的时候，就会晚上很多，甚至无法获得成功。

太多的人，会把坎坷、曲折的人生之路归咎于命运，认为这是命运无常。或许可以这样理解，我们的一生中，无论曲折磨难、顺畅欢乐都是命运，命运总是与我们一同存在，时时刻刻。不过，它虽然看似神秘，深不可测，来去无踪，有时甚至会作弄我们一下。但是，它的无常却掌握在我们自己手中，或者应该说是在心中。我们不能因为命运的怪诞而对自己产生怀疑、对未来困惑，进而俯首听命于它，任凭它的摆布。我们要调整自己的心态，掌握自己的命运。我们相信自己，命运就会按照我们设定的线路，一直到达终点。

乔·吉拉德是世界吉斯尼汽车销售冠军，是世界上最伟大的销售员。他连续 12 年荣登世界吉斯尼纪录大全世界销售第一的宝座，他所保持的世界汽车销售纪录：连续 12 年平均每天销售 6 辆车，至今无人能破。乔·吉拉德，因售出一万三千多辆汽车创造了商品销售最高纪录而被载入吉尼斯大全。他曾经连

续15年成为世界上售出新汽车最多的人，其中6年平均每年售出汽车1300辆。

乔·吉拉德不仅是成功的销售员，也是全球最受欢迎的演讲大师，他曾为众多世界500强企业精英传授他的宝贵经验，来自世界各地数以百万的人们被他的演讲所感动，被他的事迹所激励。他是无数年轻人奋斗的榜样，他激励了世界各地无数心怀梦想的人们。然而，我们可能想不到，35岁以前的乔·吉拉德，却是一个被命运作弄的失败者。

他患有相当严重的口吃，因为自卑而不敢开口。他换过40个工作仍一事无成，甚至曾经当过小偷，开过赌场。他背了一身债务几乎走投无路，命运似乎已经将他逼向绝境。

然而，他并没有被这一切打败。他就像是一棵冬天的枯树，虽然开始凋零，但内心却生机勃勃。他及时地唤醒了自信，相信自己一定可以做好销售。因为对自己充满信心，他没有被自己的劣势所压倒，反而更加清楚地意识到自己的不足。他没有丝毫的等待，开始努力地学习别人的长处，以弥补自己的不足。

凭着强烈的自信，他做到了。

这个看似被命运摆弄，什么都做不好的人，竟然在短短的3年内，爬上世界销售第一的宝座，并被吉尼斯世界纪录称为“世界上最伟大的推销员”。

如果我们的出身比乔·吉拉德强，如果我们没有口吃，如果我们没有被生活所迫偷过东西，那么，我们还有理由不成功吗？我们还有理由对自己的未来不充满自信吗？我们还有理由，不得到命运的垂青吗？没有理由！在人生的苍茫大海上，命运是船，自信是帆。纵使前路艰险，纵使海浪千丈，有自信做风帆，勇敢向前，希望就在前方，成功就在前方。记得，命运的一半在我们自己手中，另一半在上帝手上，我们越自信，越努力，手里掌握的那一半就越庞大，我们的收获也就越丰硕。只有自信的人，才有勇气用自己的努力去获取上帝手中的一半，让命运垂青于自己。

这个过程，也许会很艰辛，但却是我们走向成功的必经之路。那么，我们是不是还在等待？还在等待什么？等待着自信从天而降吗？不！

不！朋友，自信永远不会从天而降，它一直存在于我们心中，我们可以努力地将其唤醒。别等待，尽快地唤醒自信，我们就可以尽快地走向成功。

“天生我材必有用，千金散尽还复来”，当李白因得罪杨贵妃而被放逐时，他曾这样勉励自己。李白很洒脱，但也很自信。正是这种洒脱加自信，使他走向了人生的成功。虽然，他的政治抱负并没能实现，但却成为名垂青史的大诗人。

当司马迁遭受以宫刑之后，他的生活陷入了低谷。但是他有自信。是自信使他将《史记》这一宏图大作创作了出来，流芳百世。可想而知，如果没有自信，就不会有一本旷世巨著《史记》留存于世。而司马迁本人，也不可能千古留名。

这些名人，或许也曾经沉睡于自信。但是，他们却不约而同地做了同一选择，那就是唤醒自信。因为他们都明白：只有拥有自信，才能得到命运的垂青。

当我们在工作中遇到困难的时候，当我们在前进中遇到挫折的时候，我们可曾抱怨过命运的不公，感慨过时运的不济？我们肯定有过！但是从现在起，我们要学会收起这种抱怨和感慨。因为，我们已然知道，命运掌握在我们“心”中。是的，就是在我们心中。只有两个字：自信。唤醒了我们心中沉睡着的自信，就等于是唤醒了一头威武的猛虎。它能够带着我们，左冲右突，攻城略地。

唤醒自信的过程，其实也是磨炼心态、战胜自我的过程。身处逆境之中如果我们不停地抱怨命运，埋怨生活，认为自己是世界上最不幸的人。那么，我们就永远无法摆脱不自信心态的束缚。试着管住自己的心，我们的心，会越来越坚强。

唤醒自信，当发现不足时就努力去弥补，尽力寻找到自己的优势把它做到更好，以一种积极的心态投身于工作，这样，我们就能够做好任何事情。当然了，这样我们也会更容易得到命运的垂青。

无论我们现在有没有自信，都不要等待。因为等待，会让我们的自信越来越少。

朋友，你还在等待吗？从现在开始，行动起来，相信自己：我能行！

# 第四章

# 提升自我，莫让才能在等待中变成“无能”

诗人歌德曾经说过：“人不光是靠他生来就拥有的一切，而要靠他从学习中所得到的一切来造就自己。”一个简单的事实，从诗人口中娓娓道来：学习方能成就自我。人的一生，就像是一个永远无法装满的容器，无论怎样注入新鲜血液，也无法有满的一天。倘若有一天，我们觉得自己“满”了，那么很遗憾，这表示我们已然成为一个鼠目寸光的可怜虫。就算穷其一生，我们也不会有“满”的一天。“学海无涯”，何来有满？既然这样，那么，我们又为什么要等待、要止步不前而不肯继续学习提升自我？等待下去，我们所拥有的才能，将会变得烟消云散。

# 1. 能力是立足职场的根本

能力是什么？我们能够做好什么，那么就等于具备了做好这件事的能力。能力是我们顺利完成某种活动所必备的内在要素，是我们完成某一任务或达到某项目标所需的必备条件。在职场中，任何一项工作的完成都要求参与者具备一定的能力。可以说，能力直接影响着工作的效率与成败。所以在职场中，能力是立足的根本。

很多人容易把能力与知识相混淆，认为知识高能力就强，其实大谬。知识只能算是能力的一部分，一个有知识的人未必是有能力的人。一个人的能力，是这个人全面综合素质的表现，包括对知识掌握的程度、工作经验、社会阅历、发现问题分析问题解决问题的方式方法，甚至包括社会人脉关系和应变水平等等。知识是人类经验的总结和概括，能力则表现在人们掌握知识和技能的难易、快慢、深浅、巩固程度以及应用知识解决实际问题等方面。这是能力和知识的差异，我们不能相互混淆。

正是因为如此，我们必须知道：就算我们学历很高，也未必意味着我们真的有能力。这更意味着，我们永远不能因为学历而自满，还要继续学习，以提升自己的能力。假设我们既没有学历，能力又不强，那就更应该要认真学习，以提升自己的能力。

张曜是清朝咸丰年间的人，他自小就不喜欢读书，所以没上过几天学。和所有不爱读书的孩子一样，他喜欢打架。他身材高大，臂力过人，常常纠集一大群同龄的孩子，以头领自居，结阵

杀敌，指挥若定。成年之后，他更是整天混迹于赌场之中，做些打打杀杀的事。虽然没有成就，但却练就了一身好武艺。

正好当时清政府允许各地组建地主武装，张曜便去了河南固始，投靠了一位时任县令的老乡，成为一名士兵。

在军队里，张曜如鱼得水，其军事才华很快便凸显出来，后来更是深得钦差大臣僧格林沁的赏识，升了官。他的官场之路可谓相当顺利，凭借军事才华，他屡建战功，被咸丰皇帝赐号为“霍钦巴图鲁”，意为勇士之意。他从固始知县开始做文职官员，一直做到了河南布政使。这个时候，他还是只字不识。

正当他在仕途上春风得意之时，一道弹劾的奏章打碎了他继续升官的美梦。原来有个叫做刘毓楠的御史上奏章弹劾了他一次，也没说什么坏话，但却说他目不识丁，没有文化，只能当武官，不能做文官管理政事。做一个地方的行政首脑，更是大大的不合适。

皇帝一听，觉得大有道理。于是，就下诏免去了他布政使的文职，改授武职总兵。

这本来也没有什么，当了总兵，于他的官阶和地位并没有什么影响。但是张曜却不这么看，在封建社会，盛行的是“重文轻武”，所以他认为这次被“驱逐”出文臣的行列，对自己是一种莫大的耻辱。这种耻辱的感觉让他寝食难安，更让他愤愤不平，他觉得自己并没有招惹着谁，却受到了这种不公平的待遇，实在是太委屈了。但是冷静下来，他却又觉得别人的指责也许没有错，因为自己确实是什么都不会，目不识丁。闭上眼睛仔细回想一下以前，他想到了，自己缺少知识确实不行，甚至做出过许多糊涂事。做文职官员的时候，全凭一些幕僚在后面帮助自己。

想到这些，他冷静下来了。思前想后，他觉得自己必须开始读书，补上自己的这处缺陷，不能再让别人说闲话，更不能再让别人瞧不起。

教自己读书的老师，他早就有，只是从没有想到过认真学习。他的老师就是自己的夫人，一个熟读诗书的才女。当他把自己想要读书的想法告诉夫人时，夫人正色道：“要我教你也可以，不过要有一个条件，那就是要行拜师之礼，要恭恭敬敬地学。"张曜马上答应了下来。他这个时候，想学习的渴望超过了任何人。因为他明白了一个道理，只有自己有了知识，增强了能力，才不会被人耻笑，才能继续前进。

在孔子的牌位前，他对夫人正式行了三拜九叩的拜师之礼，成为夫人的入门弟子。从此以后，只要一有时间，他都会由夫人教习读书。每当他累了，或者是倦了，不想读的时候，夫人一摆老师的架子，他马上肃身听训，不敢有丝毫的不敬。在这种努力读书的情形下，他的学问一日千里，进步很快。

几年之后，就成了一个非常有学问的人。他不仅可以自己草拟奏章，而且文笔出众，笔致有力，非常有才华。他的名气渐渐在朝堂上响了起来，被人们称之为"淹通图史，诗文皆有古法"。他的才能随着他的学习，也是越来越强，官职更是越做越大，很快，他就被升为山东巡抚。这个官职，还是文职。

以前的事还有人没有忘记，又有人上奏折参他"目不识丁"。他没有反驳，而是直接上书给皇帝，请求皇帝亲自面试。结果在朝堂之上，他的学问折服了所有人，就连皇上都暗暗称奇。通过读书学习，他的能力更是大大提升。无论是领兵追随左宗棠收复新疆，还是在山东巡抚任上治理黄河、兴办水利，他做得都是游刃有余，可圈可点。读书学习已经成了他的习惯，他就像一个永远也不满足的大湖，不断吸纳着新鲜的河水，然后归为己用。学习使他为政的能力越来越强，更使他的从政之路越来越顺。

他再也不是一个"目不识丁"的莽夫，而是一个才高八斗、学富五车的大儒。他在抗洪一线病发逝世，济南人民感其恩德，尊他为黄河的"大王"。他坚持学习的故事，更是感动了后世。

这个故事，确实很能让人动容。虽然知识并不能代表能力，但是没有知识，却意味着能力的欠缺。张曜就是一个典型的"知识不足导致能力欠缺"的人。能力不够，那怎么办？学习！马不停蹄地学习！张曜没有丝毫的等待，在检讨了自己的不足之后，他开始向夫人学习，以提升自己的能力。对于这样一个不愿等待、及时学习的人，他自然而然取得了"事业"上

的成功。

澳大利亚联邦政府和地方政府在1990年举国推行的教育改革，围绕着“与工作相关的核心能力”，将所有与工作相关的能力都可以归入七类核心能力，分别是：沟通表达的能力、信息处理的能力、运用科技的能力、计划组织的能力、解决问题的能力、团队合作的能力、数学概念的能力。美国最畅销的职业策划书《你的降落伞是什么颜色》中说，如果你要换工作，不要太囿于从前的工作职位，而应尽力盘点自己拥有的能力，然后将这些能力组合成新的形式，找出可以使用这些能力的工作选择。能力的多样化，表示我们每一个人都会有着自己特殊的能力。工作中能力要选择组合，更是说明了能力对于工作的重要性。还是重提我们之前的话题：能力才是立足职场的根本。

问题又来了，有人会说：那么，我们工作能力不足怎么办？朋友，能力可以培养。

比方说，很多刚刚走出大学校门的毕业生，他们充满激情和抱负，但是职场能力较弱。在很多时候，弱并不代表着不行。能力就像是一棵小树，如果能够定期给予浇水、施加营养的话，那么它很快就会茁壮成长。自然，如果这时候他们能够有意识地培养自己各方面的能力，那么对于以后的职场生活将会有很大的帮助。他们的努力，就可以使能力提高。

总而言之一句话：能力是立足职场的根本。我们要想在职场中赢得事业上的成功，就必须具备超人一等的能力。就算我们目前只是公司中一个很“平庸”的人，但一定也要记得：我们的能力，至少要和自己的工作岗位相匹配，否则只能被无情地淘汰。

那么，我们检讨过自己了吗？检讨过自己的能力，是否和岗位相匹配了吗？倘若发现自己的能力不足，那么我们应该怎样去做？

能力是立足职场的根本，所以，别再等待了！

2.

## 现在有能力，不代表永远有能力

在工作中，经常会看到很多“牛气”的人。他们很“厉害”，总以为自己无所不能，什么都能做，工作能力一流，社交能力也一流……所以，他们很骄傲。这样的人确实存在很多，他们当然有骄傲的资本，因为他们的能力很强。

但是，现在能力很强，就代表永远能力很强吗？

没有人敢这样说！有人敢说自己现在很有能力，但肯定没有人敢说自己永远有能力。原因很简单，有两个：一是退化，二是淘汰。所谓“退化”，是因为我们现有的能力不常使用，会因为时间的关系而慢慢遗忘。当我们再想使用这项能力的时候，发现它已然削弱，甚至离我们而去。“淘汰”就很明了了，是我们原本拥有的特有能力，随着社会的发展，逐渐成为一个不具有优势的普遍技能。无论遭遇“退化”还是“淘汰”，都意味着我们现有能力、现在的强项，已经慢慢变成弱项。

达尔文曾经有一个很有意思的理论，叫做“达尔文结节”。我们的耳轮外后上部内缘的一个稍肥厚的结节状小突起，叫做耳轮结节。其表现有不同程度的差异，从无到有极其明显。达尔文认为，这一特征相当于高等动物的耳尖部分，是人类进化过程中残留的痕迹器官之一。同样，在职场上也有进化和退化。经过多年在职场中的摸爬滚打、千锤百炼，我们某些方面的能力经常得到锻炼，原本普通的能力，慢慢“进化”成优势能力，在这一方面表现得也越来越好。但是，在不知不觉中，我们也会有很多重要的能力，在慢慢退化，因为我们不用。比如：我们或许曾经画画不错，但多年不用，如今再提起画笔，早已不知道如何下手了。它们就像一个“结节”，有痕迹显示存在着，但却再也不能发挥作用。

刘丹在大学是文学社有名的才女，博古通今，不仅写得一手锦绣灿烂的好文章，更写得一手好字。毕业后她顺利进到一家报社当记者，每天不是外出跑新闻，就是回来对着电脑屏幕码好几千的字。这样的码字，可不同于当年挥洒感情写下诗篇，更多的是一种应付。

日子，就在噼噼啪啪的键盘声中流过。当上编辑部主任以后，她更是忙于对内管理、对外应酬，当年喜欢在纸上写写诗、抒发抒发感情的习惯早没了。如今，拿起笔写字，她反而觉得别扭。字写得生硬不说，还有很多字根本想不起来了，提笔忘字。不仅如此，当她想再写写自己的文章时，却发现，写出来的东西，全部都是新闻稿。没办法，她已经没法写文章了。

现代化办公设施和通讯设备日益发达，这造成了很多人拿笔写字却忘记了如何写字。能力严重“退化”，正如刘丹。但是，这并不是最可怕的，最可怕的是在职场中，我们原本固有的能力退化。比如说我们的技术，可能会因为长时间不用而忘记；比如我们的沟通能力，可能会因为经常不与人交流而生疏。这些都是很可怕的，因为，当有一天我们想用的时候，才发现：这些原本属于自己的能力，已然悄然远去了！

那么应该怎么办？莫等待，及时学习，给自己的能力增加营养。

周静在一家贸易公司上班，职务是财务。她工作尽责，做事精细，深得上司的器重。可是，从大学毕业到现在，4年时间过去了，她除了工资略有上涨外，事业上没有任何跳跃。看着那些比自己晚进公司的员工都得到了升职的机会，她有些不服气，就向朋友诉苦。

朋友也在这家公司工作，只是分属不同部门。朋友说：“据我所知，你们部门那些升职的人，无一例外都有‘注册会计师’证书，你有吗？”

周静一脸愕然：“你知道我没有的，我为什么要考那个证书？我的工作能力很强，不需要再去学习别的东西，就已经完全可以胜任工作。考‘注册会计师’证，不是浪费时间吗？”

朋友笑了:"那怎么能是浪费时间呢?升职需要拥有更广阔的知识面,你一直固守原地,又怎么会有升职的机会呢?你应该知道,'复合型人才'要比'单一型人才'更受青睐,你掌握的知识越多,就越能在公司中发挥更大的力量。这些,才是领导最看重的啊!"

她陷入了沉思。原来,知识"够用"还不行,还得学会多给自己充充电,让自己的能力越来越强。只有这样,才能在工作中发挥更大的作用。

现在我们应该好好想一想了:自己的能力,到底足不足以支撑起将来的需要。其实,真的不用想了,肯定不够。时代在进步,知识在进步,公司对于我们能力的需求,也在进步。只有不断地补充"营养",不断地更换血液,不断地让自己的能力增长,才能跟得上时代的需要。所以,我们要牢记一个事实:我们的能力,永远没有上长的瓶颈。

根据调查,很多过去的职业正在消失。比如:弹棉花、补锅、修钢笔、修雨伞,这些都是曾经可以养活一家人的能力,现在已经渐渐被淘汰了。而一些新兴行业,如手机通讯、电子商务、商用软件、网络游戏、搜索引擎、超市卖场、房地产开发……这些今天炙手可热的行业和企业,在十几年前,要么根本不存在,要么完全不成气候。那么,十几年后的好工作是什么?按照美国前教育部长 Richard Riley 的说法,10 年后最迫切需要人才的 10 种工作,在现在还根本不存在。

看到这样,我们有没有大吃一惊?那么,我们现在是否还因为自己能出"出众"而在坐井观天无动于衷呢?如果我们现在还在等待,还在为自己的能力而沾沾自喜,那就一定要引起警惕了。

当然,人无完人,任何人都有自己的缺陷和相对较弱的地方。也许我们是职场老员工,在某个行业已经是老手,已经具备了丰富的技能,但是对于新生事物、新的经销商、新的客户,我们全部都了如指掌吗?就算了解,还有更多的东西,我们都能了解吗?不能!这时候我们仍然需要用空杯的心态重新来整理自己的智慧,来吸收生活中、工作中的、别人的所有正确优秀的东西。只有这样,在职场中,我们才能永远保持鲜活的生命力,才能够战无不胜,纵横职场。

记得：别再等待，别让自己生活在现在的满足之中。如果因为满足而等待，不去汲取新的东西，那么我们的能力，会如同正在燃烧着的木炭，越用越少。等到我们不再能够适应自己的工作时，已经悔之晚矣。

## 3. 你的等待，会让能力成为过去式

刘易斯·卡洛尔的童话书《爱丽丝漫游奇境》里，红后说过这样一句话：“你必须尽最大努力去跑才能留在原地。”这句话很有意思，从中甚而衍生出了著名的“红后效应”(Red Queen)：你要想保住现在的位置，就必须努力向前。在中国，先辈们也曾用智慧的语言表达出了同样的意思，譬如“逆水行舟不进则退”。这些话，无不道出了一个简单的事实：不能前进，就是后退。

在自然界中，红后效应是这样表现的：猎食动物的速度变得更快，它的猎物则设法取得更好的伪装。然后，猎食动物发展了更为敏锐的嗅觉；而猎物，则开始爬树，如此循环不止。以猎豹为例，猎豹必须拼命奔跑，它要比跑得最慢的羚羊快，这样才能捕捉到猎物。如若不然，则会饿死。而羚羊也必须拼命奔跑，它只有比跑得最慢的同伴快才能生存下来。在这种循环中，猎豹和羚羊都成了善于奔跑的动物。因为它们知道，一旦慢下来，丢掉的就是自己的命。为了生存，它们不得不跑。即使是跑得最快的猎豹和羚羊，也不敢停下来。因为，它们也知道，一旦对手跑得更快，自己现在的奔跑能力就不再有优势。

无论是羚羊还是猎豹，它们都不敢停止，不敢等待。因为一旦停下来，它们的优势将不复存在。而失去优势的它们，将会被自然所淘汰。就算它们没有停滞，没有等待，用尽了全力奔跑，也只是把自己固定在了一个原有的位置。听起来似乎有些触目惊心:拼命地努力,只是还在原点。但是,自然界用它的生存法则清楚地告诉我们:跑可以维持在原点,如果不跑,将只能被淘汰。是啊!无论猎豹和羚羊的速度有多快,如果不跑,它们的能力,就只能是过去式。

在职场中,红后效应也同样存在。今天我们可能是公司中重要的一员,是一个团队的核心力量,甚至可能是主管、经理,抑或总监。当然,也许是更高的职位。但是,不管我们现在的能力有多强,坐的位置有多高,请一定要记住:这代表的只是现在,不是过去,更不是将来。将来若何,谁也不知道。这就如同河流中的水,随着大众一齐向前奔跑,如果我们停了下来,那么别人还在继续向前奔跑。我们曾经比别人强吗?我们曾经领先了别人吗?可是一旦停下来,“强”和“领先”就都又成了变数。因为别人没有停,没有等待啊!他们会超过我们,走在我们前面。那么,只能接受失败。

记得,不要在乎我们现在坐在怎样的位置上,因为这只是代表现在,而非将来。一旦我们停了下来,那么用不了多久,就会有人将我们替代。因为,他们的能力已然强于我们。在今天高速发展的时代,我们必须拼命学习,努力提高自己的能力。我们甚至要比自己的竞争对手学习得更快,才能在剧烈变化的职场中获得生存和发展的空间。

社会发展太快,无论我们今天的能力有多强,停止下来不进步,那么明天就会因为能力不足而被淘汰。19 世纪的文盲是不识字的人,20 世纪的文盲是不会用电脑的人,21 世纪的文盲又是怎样的?不懂营销、不会发微博、用不好智能机或者不会开车等等。我们甚至已经发现,21 世纪已经无法用一个固定的标准来定义文盲。因为,社会发展太快!想想看,如果我们在这个时代高速发展的节骨眼上停滞了,会发生什么样的情况?我们马上就会变成一个“文盲”,一个“低能儿”。

看到这里,我们还敢等待吗?当能力变成过去式时,将会多么可怕!

刘鹏刚出校门时,一身干劲。由于读书时欠下了一笔助学贷款,他心急火燎,恨不得马上投身职场“建功立业”,好赶紧赚钱把贷款还了。

凭着一股子的冲劲和踏实勤奋的工作态度,他的业绩直线

上升，从每月六七千的销售额冲到月平均几十万。仅仅用了两年的时间，他就把贷款还清了，手头上甚至还有了点儿积蓄。由于业绩突出，他的职位也变成了销售经理。可以说，他在事业上已然小有成就。

可是，就在这个时候，他的心态慢慢发生了变化。他当初创业的激情没了，工作平淡得就像是一杯白开水。在白开水的影响下，他开始自满地认为：自己很了不起。这表现为业务能力强，为公司立下了汗马功劳。他甚至会想：我为公司出了这么多力，是该好好休息享受的时候了。

他确实休息了，也享受了。从这以后，他不再认真学习，不再着眼于如何跟客户沟通交流。他只是认为，自己的能力已经很强了，可以在经理的位置上高枕无忧了。可以慢慢地等待着继续升职了。他休息得很不错！

只不过，他的这种享受并没有持续太久。一年之后，他因为能力不足而被公司降职。取代他的，是他的一个下属，一个非常努力学习的年轻人。

这样的故事，在职场中太常见了。有多少人，因为能力“不足”而走出了领导者的岗位？又有多少人，因为能力“不足”而被淘汰出局？他们真的是能力不足吗？未必！如果没有能力，他们当初就不会坐上管理者的位子；如果能力不足，他们就不会曾经把自己的工作做得有声有色。他们曾经有能力，但是现在的能力，却随着等待而烟消云散了。就像这个叫刘鹏的小伙子，不正是其中的典型吗？

很多人在职场中已然奋斗了太久。随着时间的推移和职场经历逐渐累积，工作流程和模式慢慢形成，他们的职场新鲜感减退，工作热情也逐渐冷却。这样的状态，让他们不由自主地产生一种错觉：认为自己的能力很强，不需要学习。真的不需要吗？我们已然知道：必须要不断地学习，以提高自己的能力。因为一旦没有新鲜养分的摄入，我们的能力之泉就会慢慢干涸，甚至消失。到了那个时候，得不到“泉水”的滋润，除了“死亡”，我们还有别的路可走吗？

自然没有！身处职场的激流中，不进则退。尤其当职场环境变得越来越残酷，竞争越来越激烈的时候，如果我们想要保住现有的职场位置，想要取得更大的成功，就必须比别人学习得更多、进步得更快。在这期间，我们甚至一刻也不能放松，不能等待。因为等待下来，就会给别人可乘之机，为自己打开了毁灭之门。水果过时了不新鲜，饭菜过时了会变馊。那么，能力过时了，就会成为一个没有用的人。今天的能力，很可能就会成为明天的雕虫小技。

世界发展到今天，行业的发展和知识的更新已经到了毫不夸张、日新月异的地步，只有不断掌握新知识才能让自己的路越来越宽。在这期间，我们不能等待。因为等待，会让我们的能力变成过去式。

真的，这一点儿也不夸张！

## 4. 抓紧时间，你需要及时提升自己

我们都听过这样一个故事：因为吃不到葡萄，当伙伴们说起葡萄好吃的时候，狐狸就一个劲儿地说葡萄酸。这就是“吃不到葡萄，就说葡萄酸的故事”。那么，当别的同事升职、加薪的时候，我们“酸”了吗？是不是一边眼巴巴地看着，一边一个劲儿地流口水？这确实会让人羡慕，如果我们没有羡慕之心，那只能证明我们没有上进之心。

问题来了：为什么同样进入公司，别人就能升职加薪，而我们却一直在原地踏步？原因很简单：因为我们的能力不如别人。

别怕！能力不如别人，还可以提高。我们与其站着羡慕别人，不如站起身来加速奔跑。只有抓紧时间提升自己，我们的能力才会如同小树一样，越长越大。其实人的一生和树的一生类同，无论什么时候，树都需要营养来强壮自己。无论什么时候，人都需要学习来充实自己、强壮自己。

由于知识更新加快，知识老化趋势加剧，每个人都需要终身学习。再牛气的高才生，走上社会之后，也需要不断地补充“养分”充实自己。而且，由于知识更新速度过快，我们的学习必须跟得上知识变更的速度。这就要求，我们每个人都必须抓紧时间，快速掌握新的知识和技能。“活到老，学到老”将不再是少数人自勉的警句，而是一种现实状态。唯一不同的是，我们不仅要活到老，学到老，还要学得更及时，在第一时间掌握新知识新技能。快速的社会节奏和职场节奏，不会给我们太多的学习时间，稍微停滞，新的知识和技能将会把我们远远抛在身后。

所以，在职场中，只有那些反应够迅速，学习能力够强，能抓紧时间，及时提升自我的人，才会凭借能力获得更多的机遇。而那些因等待而落后的人，则注定只能被动“挨打”。

段刚是某重点大学计算机专业的毕业生，3年来一直以程序员的身份混迹IT界。由于毕业于名校，刚进入职场时，他很自信。他认为，以自己的水平完成工作简直是绰绰有余，4年的大学生涯，所有的编程完全在自己的掌控范围之内。

事实上，也确实如他所想，刚开始的工作，他做得得心应手。工作上的顺利，更加膨胀了他的骄傲心理。因为骄傲，他停住了脚步，不再学习。

可是，随着参与项目的逐渐增多，需要用到的知识也越来越多。IT界知识更新太快，由于没有及时补充新的知识，他所掌握的知识，慢慢开始出现了“供不应求”的现象。他的知识和技能，开始不够用了。

按照在学校学习的习惯，他认为，只要多看看书就可以弥补如今的不足。他一直相信，这点儿困难算不了什么。他买了学习资料，可是却并没有花太多心思去看。更多的时候，他愿意去看一些网络小说。可想而知，等待会带来什么样的结果。他所掌握的很多专业技能，慢慢被新技术取而代之。当他终于因为技术不行而再次拿起资料的时候，发现居然有些内容自己看不懂了。此时，是他进入公司的第三个年头，他还是一名程序员。只是，这个时候，公司领导已经决定解雇他了。

管理学者派瑞曼在1984年指出:"到下世纪初,美国将有3/4的工作是创造和处理知识。知识工作者们将意识到:持续不断、高效率地学习不仅是获得工作的先决条件,更是一种主要的工作方式。"对于很多行业来说,这已然成为不争的事实。其实,何止是知识,任何一种技能,都需要不断地提升。如果我们是一个种地的农民,那么就会知道,现在的耕作方式和10年前肯定不一样了;如果我们是一个小商贩,那就也会知道,现在的经营方式和3年前不一样了。这些都属于技能范畴吗?是的!如果我们从事这些行业,那么,这些都是我们需要掌握的技能。如果因为等待,我们没有及时有效地通过学习来提高自己。那么不好意思,在这些行业里,我们也得被淘汰!这些,已然成为毫无疑问的事实!

很多人喜欢把学习和读书混淆,其实不然。在很多行业中,最先进的知识都不是从学校里学来的,而是在工作中学习来的。学校里教的是经过积累沉淀下来的基本知识,它们是基础;而在工作中,我们能学到的,除了技能之外,更多的还有点滴经验的积累。其实说白了,我们的能力,就是知识、经验、技能等因素的结合体,要想能力超人一等,我们就必须把这几个要素全都提高。而提高的途径,唯有学习。

所以抓紧时间,及时掌握这些知识和技能将成为我们在职场中的优势。我们来看,在IT行业中,苹果手机和Android系统最火,可哪所学校教授苹果系统和Android系统的软件开发?没有几家!云计算最火,哪所大学开设这门课程?也许以后会有。之所以这么问,因为我们想告诉大家:知识和技能的种类千千万,学习知识和技能的途径也千千万。只要我们不等待,抓紧时间及时学习,就一定可以提高自己的能力。

有的人会认为,自己岁数大了,所以很难再提升能力。虽然从生理变化的角度来看,随着年龄的增长,记忆力会减退,学习能力会出现一定程度的下降。但是,这并不能成为在职场中无法提高自己能力的借口。因为,生理因素带来的学习能力下降,并不会影响我们随时摄入新的知识和技能。好吧!因为记忆力不如从前,年轻时候需要3分钟就能记住的一个知识点,现在我们要记住,需要花3个小时。可是朋友,我们为什么不就用3个小时来记这个知识点呢?就算很慢,可是3个小时之后,这个知识点,依然会属于我们。不怕学习太慢,只怕不用心学习。

事实上，确实会有很多人不用心学习。他们安于现状，总是站在自己现在的位置上“耐心”等待。等待什么呢？等待成功突然从天而降。可能吗？当然不可能！等待，永远无法带来我们能力的提高。

还有人觉得自己工作太忙，没有时间实现能力的自我提升。又错了！难道我们忘记了，“时间就像海绵里的水，只要你愿意挤，总是有的”吗？莫去等待，减少一些应酬，合理规划安排，我们学习提高的时候就会有了。日本东京被世人称为世界上工作节奏最快的城市之一。如果曾经去过东京，我们就会发现：我们乘车坐地铁或者电车时，身旁的旅客，除了老人和带孩子的妇女，差不多每个人手里不是捧着书就是拿着报纸或杂志。坐着的在埋头阅读，站着的也在埋头阅读，他们都是在学习。他们相信，只有抓紧时间学习，才能提升自己的能力，才能在竞争激烈的生活中生存下去。

是的，只有抓紧时间学习，加快速度提升自己的能力，我们才能在竞争激烈的职场中生存下去。如果我们松散了、等待了，结果会如何？自然很清楚了！

## 5. 积极学习，努力汲取新的能量

学习是一个终身的话题。面对越演越烈的职场竞争，只有积极地学习，不知疲倦地充电，努力地汲取新的能量，不断补充新鲜“血液”，才能满足越来越苛刻的职场需求。也只有这样，我们才能避免被淘汰的厄运，驰骋于风云变幻的职场江湖。

说到底，学习是一个亘古不变的话题。无论什么时候，人类都需要学习，都需要以学习提升自己的能力。因为，能力才是人类生存的基础。放眼周围,我们看看,每个人都有着自己的能力,是他们的能力,养活了他们。他们的能力从何而来?就是不间断地学习。人的一生,就是一个不断积累的过程,只有不断地通过学习积累能量,才能够满足生存的需要。

美术学院毕业的王倩是学校里的优等生,凭借厚厚的荣誉证书,她敲开了一家知名出版社的大门,获得了一个不错的职位。

工作第一天,主管并没有交给她任何工作,只是让她翻看出版社以往出版的图书。第二天,还是看以往的图书。她有些忍不住了,心想:自己怎么也是美院的高材生,难道就没有可以做的工作?于是,她大胆找到主管,主动请缨,要求承担更多的工作。

面对她的热情,主管微笑着告诉她:无论以前有多么优秀,在这里都是零,需要学习很多东西。当然,如果你想分担工作,那更好。正好,马上有个会议,你也一起参加吧!

在会议桌上,她的自以为是和想当然完全被击碎了。她发现,大家讲的东西,自己居然有很多听不明白。这对她来说,是不可思议的事情。在茫然之余,她猛然醒悟:在学校里,自己学习的都是一些理论知识,而缺少真正的工作经验和一些实用性技术。这些东西,更是要害。一场会议下来,她发现了自己的缺陷,找出了自己的不足之处。

她知道:自己必须认真地学习了,否则的话,只能会被"营养不良"拖死。

随着心态的转变,她也变得积极起来。她认真地接受每一次培训,学习新的知识。她知道,这些都是工作中需要的能量,如果吸收,则越长越壮;反之,则只有被淘汰出局的命运。

知识如同水,只要愿意汇聚,就会越来越多。她的努力,并没有白费,通过虚心地学习,她掌握的新知识、新技能越来越多。前辈们口中大量的专业名词,对于她来说也不再是"天书"。她也慢慢开始体会到出版真正是怎么一回事,业务也开始熟练起来。

新汲取的能量越来越多，她渐渐在公司里站稳了脚跟。

在职场，新人们都会面临同样的一个问题，那就是：跟不上工作进度。无论在学校多优秀的人，一旦进入职场，都会出现这种情况。这并不是说在学校学的知识没有用，知识当然有用，问题是，书本知识和工作中所要用到的东西，总会有所出入。只有认真努力地学习，补足自己的缺陷，才能更好地适应职场，赢得成功。而那些自以为是，认为自己很了不起，迟迟等待而不愿意学习提升自己的人，注定了只能是失败。我们等待了吗？王倩的故事，就是最好的例子。

无论我们是初涉职场也好，还是职场中的老手也好，都一定要记住：积极学习，莫要等待，才是立足职场的王道。

郭德纲出名之前，经过了将近十年的默默无闻、清贫暗淡。回首那段日子，他很坦然：“这是必需的，幸好有这10年，让我能够认真学习，潜心钻研相声。如果10年前就给我这么一个出名的机会，说实话以我当时的能力，不见得能接得住，不但出不了名，还会坏了自己的名声。做我们这一行，名声太重要了。坏名声传出去，我用同样的10年未必能翻得了身。”

2009年，小沈阳在春晚上红了。很多人都羡慕他红得迅速，但谁又知道，他做过些什么呢？在这之前，他曾经参加过三次春晚彩排，结果都被刷了下来。在旁人眼中，他真够背的。

在接受记者采访时，被问及此事，他沉吟了一会儿，说：“现在想起来，这对我是一件好事。如果我第一次参加春晚就上了，那未必会有今天的成就。至少在心态上，不会像今天这样。我会很‘得瑟’，不正视自己，不积极学习。连续三年被刷下来，让我知道了自己的斤两，也给了我学习的机会。这，才是最重要的。”

每个人都想要成功，想要成功的机会，机会本无所谓好坏，只不过看我们能不能接得住。如果能够接住，那机会就会让我们如虎添翼，如鱼得水；如果接不住，那么机会迟早会变成我们的大灾难，弄不好还是别人的大灾难。所以,我们要趁现在,锻炼自己可以抓住机会的能力。如何锻炼?前面我们已经说过了,还是积极学习,努力汲取新的能量。

很多人不能明白这一点,所以总是让等待耗掉了自己的学习时间。等到机会到来的时候,却只能空发感慨。这是很可怕的!所以,我们每一个人,都千万要记得,莫让等待浪费了自己补充能量的机会。这一点,对于新入职场的人来说,更为重要。

一旦进入职场,学习就变得更为重要,而这个时候的学习,范围远远超过书本,概念也不仅仅是理论知识,方式也不是简单的背书、看书,目的更不是为了一张考卷。职场中的学习与学校中的学习有诸多不同。首先,职场学习中,没有人会在我们的桌子上摆上厚厚的教科书,学什么完全靠个人领悟和努力。

其次,职场学习没有一张考试卷作为学习效果的检验,我们虽然不用为一张成绩单拼死拼活地去死记硬背,但是遇到实际问题的时候,就是检验我们学习成绩的时候。

职场中一切学习目的都是为了提升工作中解决问题的能力。能力越强,解决问题的时候才能越顺,成就才能越大。反之,则只有被淘汰的命运。所以,这就需要我们积极起来,变被动学习为主动学习,莫要等待,努力地汲取更多的能量。

"吾生而有涯,而知也无涯。"学习是终身的事情。从懵懂学童到耄耋老人,我们永远不可能掌握所有的知识,只有在不断地积极努力学习中,尽可能多地汲取新鲜的能量,保持自己思想的年轻先进和技能的娴熟完善。只有这样,我们才能不断在生存中发展,在发展中壮大。

近年来,一些企业也在强调打造学习型团队。旧知识的不断淘汰,新技术和方法的迅速更新,要求每个企业、每个团队、团队里的每个成员都要不断地积极努力地学习,有的公司老板甚至给员工指定学习的书籍,从技术书籍到成功学、管理学等等。而老板们自己也越来越多地去学校回炉,读个MBA、EMBA,攻读硕士、博士学位者也呈爆炸式增长。这样学习的效果如何不得而知,但至少说明了,现代企业已经越来越意识到不断学习的重要性。

看看,现代社会,就是一个奔跑的季节。跑得快,学到东西多的人,则可以越来越强。我们想跑在前面吗?相信每个人都想跑在别人前面,快

一步走向成功。那么，我们还敢等待吗？学习不容等待，等到发现自己能力不足，跟不上别人时，就已经晚啦！

抓紧一切时间学习吧！莫要等待！

## 6. 不要等到“无能为力”时才去提高自己

我们知道澳大利亚是怎么来的吗？

在库克船长发现澳洲大陆之前，英国把犯人流放到美洲，那时候流放的人数并不多。自1768年库克船长发现澳洲大陆之后不久，美国就独立了。而在这一时期，英国流放的犯人成倍增加。独立后的美国无法接受那么多的流放犯人，这使得英国要另觅地方流放罪犯。于是，刚被发现的澳洲大陆就成了最合适的地方。澳大利亚成了英国新的流放地，大批犯人被流放到这里，这儿的居民除了土著人，更多的是罪犯和刑满释放的罪犯的后裔。

很多人会好奇：为什么在18世纪中后期，英国会有那么多的犯人，甚至多到装满整个国家的监狱仍然装不下？如果我们了解历史，就一定会知道，那时候诞生了两项伟大发明——纺纱机和蒸汽机。这两大机器的诞生开启了英国的工业革命，同时也导致大量人工劳动被机器代替。一部分与时代共同进步的人成了工厂的技术人员，他们不仅可以操作机器，甚至可以修理和改进机器。而另一部分人却没有做好准备，跟不上时代的步伐。这类人，面对机器时已经“无能为力”了，只好失业。失业了如何生活呢？没有办法，很多人只能从事“坑蒙拐骗偷”的勾当，以此为生计。可想而知，监狱自然由此爆满。这些人面对突如其来的改革没有采取行动，而是用等待空耗了时光。当真正用的时候，时代的发展已经不再给他们足够的时间和机遇了，他们最终只能成为被时代抛弃的人。

这真的不是危言耸听。如果有一天，我们在工作中被无力感紧紧包围住的时候，再意识到这个问题，已经晚了。古人讲的“讳疾忌医”，说的是有病不去看，等到想看的时候已经病入膏肓。如果我们现在用等待浪费了自己学习、提升能力的机会，那么等到无能为力的时候，也已经“病入膏肓”。这不可怕吗？这不会引起我们的警惕吗？所以，千万不要等到自己“无能为力”时才去想到要提高自己的能力，从现在开始，莫要等待。

这一天，是美国东部一所规模很大的大学毕业考试的最后一天。在一座教学楼前的阶梯上，坐着一群即将参加考试的大学生。他们都是机械系的大四学生，正在热火朝天地讨论着几分钟后将要开始的考试。他们很有信心，也很开心，因为这场考试一过，4 年的大学生涯就要结束了。在参加完毕业典礼之后，他们就可以寻找自己喜欢的工作。

他们当中有几个人已经找到工作了，其他人则在讨论着自己想得到的工作。他们有一个共同认知，那就是：4 年的大学教育，已经使他们获得了足够征服外面世界的能力。

这次考试非常特别，因为教授告诉他们：考试时可以带教科书、参考书和笔记。唯一的要求是：考试时彼此间不能交头接耳。为此，他们一个个面带微笑，似乎胜券在握。如果带着书考试还无法通过，那可真是太没用了！于是，他们喜气洋洋地走进了教室。

考卷发下来了，他们更加开心，因为上面只有 5 道论述题。这 5 道题，就是这次考试的全部内容，这也太简单了吧！甚至有学生在想：半个小时，我一定能交卷。

可是，半个小时过去了，没有人交卷出考场；两个小时过去了，还是没有人交卷。直到 3 个小时过去，教授开始收考卷，他们才心不甘情不愿地交卷。只不过，这个时候，他们似乎不再有信心，他们的脸上都有可怕的表情。考场里静得可怕，没有一个说话，他们都在为自己的考试成绩担心。教授端详着自己的学生，看着那一张张写满担心的脸，问道：“有几个人把 5 道题全部

答出来了？”

全场寂静，没有人举手。

“那么，有几个答完了4道题？”教授接着问。

仍然没有人举手。

“那么，有谁答完了3道，或者是两道？”

还是没有人举手。所有的考生开始在座位上不安起来，这个结果让他们觉得太不可思议了。但是没有人说话，他们都看着教授，希望教授说点儿什么。

这个时候，教授放下手中的考卷，对他们说：“其实，这个结果正是我预期的。我只是要加深你们的印象，让你们知道：即使完成了4年的工程教育，也仍然还有很多关于工程的问题你们不知道。这种你们无法回答的问题，在日常操作中非常普遍。你们需要掌握的知识还有很多，千万不要觉得自己什么都会了，那样你们将永远无法走向成功。”

所有的考生都沉默了。

教授微笑着接着说了下去：“当然，这个科目你们都会及格。但是，请记住：虽然你们大学毕业了，但是你们的教育才刚开始。现在，就是你们入学的第一天。抓紧一切时间学习，莫要等待，这样你们的人生之路，才能更加顺畅。”

在还没有走上社会之前，这位睿智的老教授，给他的学生狠狠地敲了一记警钟。他用事实告诉他们：毕业并不意味着学习的结束，而只是学习的开始。要抓紧一切时间学习，千万不要等待“无能为力”时才去学习，那样的话，会悔之晚矣！

事实上，在职场里面打拼，我们应该把每一天都当成新的开始，要在这一天学到更多的东西，更高地提升自己的能力。只有这样，我们才不会因为等待，让自己陷入被动地等待之中。无论是职场中的老手还是菜鸟，人人皆应如此，没有例外。

当然也有例外，有很多人在一个工作环境里待久了，熟悉了工作流程，熟悉了周围的人和事，一切工作轻车熟路起来，危机感就会慢慢懈怠。他们对自己不再有学习提高的要求，仿佛一切工作就应该是这样，不需要再有提高,这是职场"老员工"容易出现的问题。那么,他们在做什么呢?等待着用日子的累加,为自己升职加薪。

可能吗?当然不可能!这一点,我们心知肚明!

王强是某公司的行政主管,他在这家公司已经工作6年了。刚来到这家公司的时候,他心里充满了热情,工作也很积极努力,不到两年的时候,便做到了主管的职位,收入也翻了好几倍。也许是职位升迁的顺利使人心生懈怠,也许是工作时间长了以后产生了消极心里,他不再像当初那么努力。而且,也不再主动学习。他的想法是,现在学习,已经没有那个必要,最艰难的一步,自己已经迈了出来。慢慢地熬时间,就能继续往上升职。

当上主管没多久,他所在的部门便分来一个实习生李刚。李刚踏实勤奋,在工作中善于思考,还经常向他请教,而且学习用心,甚至把假期的时间都用了起来,一刻也不肯放松。随着知识的积累,李刚的工作能力也越来越强。每次王强把工作交给他,他总是能很好地完成,甚至做得更出色。

有了李刚这么一个得力助手,王强的工作更轻松了,他把越来越多的重要工作交给这个助手,自己则乐得清闲。他觉得,自己已经深得驭人之道了。有个得力的手下为自己拼命,那么升职已经指日可待。

机会很快来了!

一年以后,公司有一次升职的机会。但是,结果却大出他的意料之外。本以为"非我莫属"的经理一职没有落入王强的囊中,而是被别的部门调来的人所占据。失望之余,他并没有多想,觉得公司就是这样,要以关系才能制胜。

不过,让他真正没有想到的是:又过了一年之后,公司突然宣布提拔李刚。这个两年前还跟着他学习的年轻人,突然成了他的领导。李刚的情况他再清楚不过,没有关系没有背景,可是为什么会这样?在这一刻,他忽然意识到:自己的能力,已经被李刚远远抛在了后面。是等待,让自己失去了最好的机会。

职场如战场，“生于忧患、死于安乐”。社会是不断进步的，公司是不断发展的，知识是不断更新的，技能是不断完善的。在工作中，总是不断会有新技术、新方法、新思想、新环境，如果我们不能前进，而是站在原地，那么这些东西，全部会超越我们，甚至把我们远远抛在身后。职场如逆水行舟，不进，自然后退。如果我们能力提升意识缺乏，要求自我放松，自我懈怠，那么，总有一天会有无能为力的时候。等到那个时候，才想起来要提高自己的能力，已经晚了，会被命运淘汰。

朋友们，看了这么多，我们还敢等待吗？职场是一个深潭，我们每一个人，都浮在这个水潭里。我们必须努力地划水，才能不沉下去。我们等待了吗？如果等下去，会有什么样的后果，可想而知。能力是什么？能力就是我们划水的力量源泉。没有学习，没有提高，我们会越划越疲惫，最终遥望岸边而不可即。所以，无论我们现在做什么，也无论我们将来想要做什么，都不要让自己停下来，以等待的心态，面对生活。我们要不断地学习，不断地充实自己，让自己的能力越来越强，工作越来越得心应手。

还是那句话：抓紧时间学习，莫要等待，千万不要等到无能为力时才想起学习。

就算我们现在很有能力，就不要学习了吗？不！请一定要记得：在等待中，我们的能力会慢慢退化，甚至会变成无能！

# 第五章

# 紧抓机遇,莫让机遇在等待中变成遗憾

大多数情况下,机遇是没有规律的,它总是在不经意间来到我们身边。有句谚语是这样说的:到机遇向你微笑时,赶快拥抱它。是的,当机遇到来的时候,我们应该主动起来,拥抱它。如果不养成良好的习惯,就算把宝石送到我们面前,我们也可能让其从手边溜走。我们出击了吗?行动了吗?诗人雪莱说得好:“人不能创造机遇,但是他却可以抓住那些已经出现的机遇。”所以,无论机遇是在中午还是在半夜敲响我们的大门时,我们都应该拿出行动,紧抓机遇。记得,莫等待,在等待中,机遇是会溜走的!

# 1. 选择决定命运

人的一生中，要面临着许多选择，大到事业、婚姻、家庭，小到吃饭、穿衣……这些选择组成了我们与众不同的人生，也决定了我们与众不同的命运。在人生的道路上，选择随处可见，它们就像是一条条岔道，组成了我们既丰富多彩，又充满奇异的人生。选择是点，把选择点连起来，就组成了人生命运的线路。

选择决定命运。我们今天的生活状态、今天的职业状态、今天所拥有的一切，都是昨天选择的结果。而我们今天的选择，则会影响到明天的工作和生活。在人生的岔道口，走上哪一条路，我们就会只遇到哪条路上的风景。虽然风景会有好有坏，但那是我们的选择。

很多人都曾在不经意间后悔，叹息着说一句："早知道是这样的结果，当初就不该那么选择！"或感慨地说："老天为什么对我如此不公？"真的是老天不公吗？仔细想一想，原因还是出现在我们自己的身上！我们的命运不是上天的安排，而是自己不断地选择得来的，是我们自己的安排。可以说，我们是自己命运的决策者，我们用选择决定了自己的命运。

正确的选择让人生变得幸福快乐，而错误的选择则让我们多走许多弯路，甚至无法挽回。

有3个人要被关进监狱3年，监狱长让他们3个人每人提一个要求。美国人爱抽雪茄，要了3箱雪茄。法国人最浪漫，要一个美丽的女子相伴。而犹太人说，他要一部与外界沟通的

电话。

3 年过后，第一个冲出来的是美国人，嘴里鼻孔里塞满了雪茄，大喊道："给我火，给我火！"原来他忘了要火了。接着出来的是法国人。只见他手里抱着一个小孩子，美丽女子手里牵着一个小孩子，肚子里还怀着第三个。最后出来的是犹太人，他紧紧握住监狱长的手说："这三年来我每天与外界联系，我的生意不但没有停顿，反而增长了百分之二百，为了表示感谢，我送你一辆劳斯莱斯！"

很有意思的一个小故事，它告诉我们，什么样的选择决定什么样的生活。有的人选择了安逸，他的一生恬然自得，与世无争，却也没有什么大的作为；有的人选择了搏击，他的一生浮浮沉沉，久经阵仗，却也收获荣誉；有的人选择了逃避，他的一生磕磕绊绊，挫折不断；有的人从不思考选择，随意而为，他的一生迷迷糊糊，浑浑噩噩……我们，会做出什么样的选择？是美国人、法国人，还是犹太人？

我们每个人今天的状态，都是取决于自己的选择。一个人，有什么样的选择，有什么样的定位，就有什么样的人生。选择为自己的人生之路寻找前进的方向；选择是人生最重要的推动力；选择决定着一个人的命运；选择让我们从昨天走到今天。那些在职场中事业有成的人，他们肯定曾选择抓住了一个成功的机会。当那个机会来到他们身边的时候，他们肯定没有犹豫，没有等待，紧紧将其抓在了手中。所以，他们成功了。

职场中有句话是这样说的：每个人不同的选择决定了他们未来的职场发展。在人生的岔路口，我们的未来如何？能否实现自己的人生目标，到达理想的彼岸？这都取决于自己的选择，在大多时候，甚至取决于我们在机遇面前的选择。初入职场的时候，没有人知道谁将来会成为主管、经理甚至总裁。在踏入职场的那一刻，每个人都如同一张白纸。至于在这张白纸上，将会描绘出怎样的生命轨迹，完全由我们的选择所定。

文迪今年大学毕业，有两份让她心动的工作摆在她的面前，一个是大企业，待遇好，但她并不太感兴趣。另一个公司一般，待遇一般，但目前发展势头良好，而且她也喜欢。如何选择这两份工作,她纠结了。

每个人都喜欢找自己喜欢的工作,但每个人也都喜欢待遇好的工作。当这两项起冲突的时候,如何选择?这确实是一个问题。经过激烈的思想斗争,她最终选择了待遇好的工作。如今,她还在大企业里上班,但是一回想起当初的选择,她就后悔。因为,当初在她眼中的高薪,到现在已经变得非常一般了。她本人,一直在原地踏步走。

当然,我们并不是说大企业不好。我们只是想说明,选择很重要。这个叫文迪的女孩,如果选择自己喜欢而且发展前景也不错的工作,肯定会做得更好。只不过,她没有经受住高薪的诱惑,选择了自己不太喜欢的工作。当机遇来到身边的时候,如何去抓住,值得我们好好思考。

其实,不仅仅是文迪这种刚毕业的年轻人,我们大多数人都会如此。很多人为了追求安定的生活,过早放弃了自己的理想,选择了平淡而毫无奋斗的生活。因为放弃了理想,当机遇来到身边的时候,他们也不愿意伸出手来。于是,他们的一生,只能是在平淡而毫无作为中度过。看看那些真正在事业上有大作为的人,他们往往都目标清晰,选择明确。他们知道自己想要什么,知道在机遇到来的时候,要坚定且及时地出手。

亨利·福特曾在爱迪生公司就职,他对内燃机的研究特别感兴趣。爱迪生公司许诺福特做主管,条件是他要放弃内燃机车的研制。他是怎么选择的?他的选择很轻松:“我早就知道我一定会选择汽车。”于是,他选择了离开爱迪生公司,成立了自己的汽车公司。

再来看托马森·沃森。他被赶出公司时已经40岁了,而且拖家带口,生活艰难。但是,即使在那个时候,他选择职业也很苛刻。他先后拒绝了制造潜艇的电船公司和生产武器的雷明顿公司的邀请,他觉得这些红火的公司在“二战”后就没有什么前途了。道奇公司请他做总经理,但不能分红,他也没有接受。他清楚知道自己想要的是什么,想要做什么。终于,他选择了抓住机遇,成立了自己的公司,那就是IBM公司。

福特和沃森都知道自己想要什么和不想要什么，所以他们都对自己的人生做出了正确的选择。福特知道自己想要什么，他就是要做汽车制造的先驱，而非区区一个不知名的主管。如果福特当年选择做主管，那么毫无疑问，就不会有现在的福特汽车公司，也没有凯迪拉克的前身，美国也难说会成为一个车轮上的国家。沃森知道自己不想要什么，所以他坚定地拒绝了自己觉得没有前途的工作，放弃本身也是一种选择。他放弃了那些工作，并没有放弃自己的选择。最终，他抓住机遇，成就了自己的事业。

英特尔公司前总裁格鲁夫说："人生最奢侈的事就是做你想做的事。"英国心理学家萨盖做的实验证明：戴一块手表的人知道准确的时间，戴两块手表的人便不敢确定几点了。易趣公司 CEO 吴世雄对此深有体会："中国市场上的诱惑太多，机遇太多，割舍最难。不是做什么，而是决定不做什么最难。"在职场上最可怕的不是没有选择，而是面对多种选择，不知道自己想要的是什么。

我们知道自己想要什么吗？如果我们想要的是成功，那就应该及时做出选择，牢牢抓住那些可以让我们成功的机遇。机遇稍纵即逝，所以我们的选择，往往就在那一刻，不容有丝毫的等待。是的，机遇就像马路上飞驰而过的车辆，哪有可能会在我们面前停一分钟，能不能上去，就看我们的选择了。选择决定命运，别等待！

## 2. 机遇，其实时刻都在

有人总结出，人生的成功取决于三大要素：天才、勤奋和机遇。不过，却时常会有人发出感慨，他们自认为才华过人，也勤奋肯干，可总是与成功无缘,认为机遇不光临他们。是他们欠缺机遇吗？当然不是！机遇时刻都在！

那些成功人士之所以可以成功,是因为他们善于抓住机遇;而那些发出感慨的人之所以不成功,不是因为没有机遇,而是因为他们没能抓住机遇。看看我们身边,有没有这样的一类人？或者,我们就是？我们一定要明白:机遇对于每一个人,都有着均等的机会。关键是,我们要有一双善于发现机遇的眼睛,要有一双善于抓住机遇的手。当然了,最重要的是,我们还要有一颗敢于行动的心。

一位教营销学的老师问他的学生:“什么叫机遇?”学生的回答五花八门,有的说:“机遇就是你碰到了,别人碰不到的那种特别的运气。”有的说:“机遇就是别人对自己的关照。”还有的说:“机遇就是你平时经营的种种关系。”这位老师未置可否,只是给学生讲了他出国考察时了解到的一件事情。

泰国许多地方盛产椰子,而椰树高达十几米,且树干光滑没有枝丫,采摘椰子难度非常大,每年上树摘椰子都要出一些安全事故。一位高中毕业的椰农设立了一个驯猴学校,主要是训练猴子摘椰子的技术。然后把这些训练有素的猴子卖给那些园主或者是想以出租猴子为业的农民。因为猴子摘椰子的工效比人高三四倍。结果,他训练的猴子供不应求。短短几年这位农民就成了当地首屈一指的富翁。

老师接着阐述了自己的见解,他说:“那个泰国农民如果不了解椰农摘椰子的艰辛,没有一双善于寻找的眼睛,机遇永远也不会来到他的面前。”

多么有意思的故事！多么精辟的道理！这位老师告诉了我们一个简单而深刻的道理:机遇从来不是从天而降的好运气,它一直就在我们身边。它需要我们对工作和生活有深刻的体会,同时善于思考,善于发现。当然了,天赐良机或者遇到贵人提携也是难得的机遇,这样的机遇多少有一些运气的成分在里面。但我们想过了吗？这样的机遇,是否也是我们从别的机遇中牵引过来的？正是因为我们努力地抓住了别的机遇,才有

了这样的运气。机遇如同春日里百花散发出的香味，如果用心去闻，它就随处可见。

机遇是普遍存在的，它并没有注定要被谁发现。善于运用头脑思考的人，在一般的事物中就可以发现许多机遇；而习惯于等待机遇的人，却很难找到机遇。

有这样一个故事：有同乡一起外出打工，一个打算去上海，一个打算去北京。可在候车室里等车时听到的议论，让他们两人都突然改变了念头。邻座的人说："上海人精明，外地人问路都收费，北京人质朴，见到吃不上饭的人，不仅给馒头还送衣服……"

原本打算去上海的人心想，还是北京好，即便挣不到钱，也饿不死；而原本打算去北京的人心想，还是去上海吧，问路都能赚钱，还有什么不能赚钱的？于是两个人便交换了车票，各自去了对方的目的地。

两个人到了目的地后都很高兴，都觉得换了车票是明智之举。到了北京的人觉得北京果然很好，自己一个月什么都没干，居然没饿着，不仅银行大厅里的矿泉水可以白喝，而且商店里写着欢迎品尝的点心可以免费吃。

去了上海的人发现上海果然很好，带路可以赚钱，看厕所可以赚钱，弄盆冷水让人洗脸也可以赚钱，只要有想法，花点儿力气就可以赚钱。凭着乡下人对泥土的感情和了解，他从郊外包了一些比较肥沃的泥土，以"花盆土"的名义卖给了喜爱养花的上海人，一天就赚了 50 元钱。经过一年的努力，凭着"花盆土"，他在上海拥有了一间小门面。他不断地思考，寻找着新的商机。他发现很多商家的门面招牌太脏，立即开办了一家擦洗招牌的小型清洁公司，果然市场反馈很好，他的生意越做越大，逐渐扩展到其他城市。

不久前，他去北京考察市场，准备拓展业务。车到北京站时，一个拾荒的人把头伸进了他的软卧车厢，就在那人向他伸手要一个空饮料罐儿时，两人都愣住了，因为 8 年前，他俩曾经交换过火车票……

这是多么戏剧化的一幕，不知道那一刻他们各自心中是如何波澜起伏。但是我们有理由相信，去了上海的人即使当年去了北京，他也一样会成功，因为这是一个善于发现机遇、把握机遇的人，而机遇无处不在。同时，我们也相信，去了北京的人如果当年去了上海也不会成功，或许更惨，因为他没有一双善于发现机遇的眼睛，更没有一双敢于抓住机遇的手。

在许多人眼里，机遇若名山深处的灵芝，珍贵而神奇。他们想得到机遇，于是便四处寻找。可是，当他们历尽艰辛地踏遍青山努力寻找，最终却还是一无所获。殊不知，机遇就如野花，星星点点地就开在他们必经的路旁。因为普通，有多少人一路走过而对野花视而不见呢！

一个20出头的小伙子急匆匆地走在路上，对路边的景色与过往的行人全然不顾。一个人拦住了他，问道："小伙子，你为何行色匆匆？"小伙子头也不回，飞快地向前奔跑着，只冷冷地甩了一句："别拦我，我在寻找机遇。"转眼20年过去了，小伙子已经变成了中年人，他依然在路上疾驰。又一个人拦住他："喂，伙计，你在忙什么呀？""别拦我，我在寻找机遇。"又是20年过去了，这个中年人已经变成了面色憔悴、两眼昏花的老人，还在路上挣扎着向前挪动。一个人拦住他："老人家，你还在寻找你的机遇吗？""是啊。"当老人回答完这句话后，猛地一惊，一行眼泪掉了下来。原来刚才问他问题的那个人，就是机遇之神。他寻找了一辈子，可机遇之神实际上就在他的身边。

机遇的存在是客观的，它并不会因为人的喜恶而改变。它一直就在我们身边，不管我们是什么人，只要我们发现了它，并能够驾驭它，它总会带给我们不错的回报。可是，为什么能看到机遇以及抓住机遇的，只是少数人？因为大多数人，会对近在身边的机遇视而不见。他们总是在寻找机遇，等待机遇，以为总有一天，弥足珍贵的机遇会与自己不期而遇。可是呢？机遇原来一直就在我们身后，悄悄地向我们挥手。

我们是这大多数人的一分子吗？希望不是！机遇就在我们身边，抖

撖起精神，发现机遇，抓住机遇，我们才能得到自己想要的成功。

我们还在等待机遇吗？

3.

## 做好准备，机遇永远青睐有准备的人

我们已经知道，机遇会经常出现在身边，可是为什么却总是抓不住呢？

看见苹果落地的人很多，但是发现了万有引力定律的，却只有牛顿。因为，他能够牢牢地抓住机遇。同样，那些在事业上取得成功的人，也是因为牢牢地抓住了机遇。当然我们也可以换种说法，那就是：机遇只偏爱有准备的人。

在很多时候，机遇就像是一个淘气的孩子。我们重视他，关爱他，他就会对我们好，青睐我们。反之，他就会逃得离我们远远的。那么，如何才能重视、关爱机遇呢？很简单：做好准备。在这个世界上，有很多人渴望着可以拾到从天而降的馅饼，这似乎是件不劳而获的好事。可是，拾“馅饼”要做准备吗？当然！如果我们用手去接，而别人用桶去接，那么谁能接得更多？可想而知，用桶的人肯定会接到更多。所以，永远不要埋怨机遇不青睐自己，感慨命运之神不喜欢自己，先问问自己：我做好准备了吗？

青霉素发现以前，因为伤口细菌感染导致的伤口恶化，是困扰医学界的一个很大的难题。因为金色葡萄球菌有嗜肉菌之名，它让人的伤口极易感染恶化，这让即使手术成功的病人还是不得不承受着很大的生命危险。更可怕的是，金色葡萄球菌就是一种常见的病原菌，如果不能遏制它，将会有很多人受到伤害。英国科学家弗莱明从事的就是此方面的研究。

金色葡萄球菌耐盐度高，因此，在金色葡萄球菌培养过程中，为了保证菌种纯正，会在培养基中加入高浓度食盐以防止其他杂菌生长。在一次实验中，因为培养基没有加入高浓度食盐，并且没有盖上盖子与空气隔绝，不久之后培养基中长出了青霉。一般说来，这样的培养基就已经没用了，直接倒掉就可以，而且青霉并不是一种神秘的物质，橘子变质就很容易长出青霉。所以培养基上长出青霉，本来就是一件司空见惯的事情。

但是，弗莱明并没有因此忽视这些青霉，他将培养基放在显微镜下观察，发现青霉生长的菌落，金色葡萄球菌都出现了死亡。他意识到青霉可以制造一种能够抑制葡萄球菌生长的物质，当然这就是青霉素。青霉素的发现在世界大战之际，挽救了众多的生命。

有人把弗莱明重大发现的原因归结为偶然的机遇，这实在是一个谬误。法国著名微生物学家巴斯德指出："在观察的领域里，机遇只偏爱那种有准备的头脑。"确实，机遇总是为有准备的人准备的。弗莱明发现青霉素是一个偶然，但是，正是他在这方面的研究和探索才造就了这个偶然。想想看，他是不是提前做足了准备？当然是！他的努力，已经为自己营造了一个极好的发现条件。所以，他才得以发现青霉素。他看似偶然的幸运，实则是日积月累的准备。

我们都想要成功，那么，我们做好准备了吗？我们今天是在为将来的成功在做准备，还是在等待着运气的降临？朋友们，做不做准备在我们自己，而机遇降临时选择不选择我们，则在于它们。少一些等待，多一些努力，当机遇到来的时候，我们就能抓得更牢。

有一位因家贫而辍学的农村小伙子，来到城里找了一份给快餐店送"外卖"的工作，每月工资不高，但活儿却非常辛苦，有时候一天得送600份快餐。虽然活很重很累，但农村来的孩子，最不缺的，就是吃苦耐劳的劲头儿。

他一直都在这家快餐店里工作，期间有过许多新伙伴，但他们都待不了多长时间。少则1个月，多则3个月，他们都会因为受不了那微薄的工资和苦重的劳动而跳槽了。而这位小伙子却一直都在。他干了6年，从一个半大小子长成了青年。远近市场的商贩们几乎全认识他，都叫他“外卖仔”。很多人甚至以为这个“外卖仔”就是快餐店的老板，因为6年来都是他在送餐。

直到有一天，有个新来的女孩问他：“你每个月赚多少钱？”他红着脸说：“800。”她不相信，说：“好歹你也是一个小老板，怎么可能只赚800。”他回答说：“我只是个送外卖的，并不是老板。”经过细细打听，她才明白：他的确是个送外卖的，6年前就是，要不然，怎么可能每月只挣800呢。

不过，大家都不明白的是：为什么这个小伙子的眼中只有外卖。为什么他每月挣那么少的钱，却依然坚持那么久。这在所有人的眼中，似乎成了一个谜。

再大的谜也会有解开的时候。很快，这个“谜团”终于解开了。

几个月后，“外卖仔”辞掉了快餐店的工作，开了一家家政服务公司。了解家政行业的人都知道，城市里的家政服务公司非常多，竞争很激烈。但是，这位前“外卖仔”开的家政公司，生意却异常红火。而且一红到底，规模很快就大了起来。

这到底是为什么？

原来，在当“外卖仔”的6年时间里，他认识了几千位生意人。这些生意人，都是城市里最需要家政服务的群体。这个群体庞大得让人震惊，是最优质的家政顾客群体。连续6年的送外卖生涯，“外卖仔”给他们留下了极好的印象。而这些人，大多都成了他成功的最大助力。当他在城里开起第四家连锁公司，资产像滚雪球一样膨胀的时候，大家才明白，这个孩子不简单。因为，从多年之前，他就开始在为自己的机遇做准备。

当然，他做到了，也赢得了成功。

如果一定要把机遇归咎于命运，也说得通。但是，我们一定要明白：

命运当中的机遇，确实是无处不在。它们游离在空中，随时都会飘到我们身边。在这里，机遇的到来，并不是个人的力量所能控制的。我们需要做的，就是让机遇更垂青我们。就像这个农村小伙子，他用自己多年的准备，换得了命运的垂青。

现实生活中有很多人总是习惯坐着等待机遇，躺着渴望机遇，睡着梦见机遇。殊不知，如果总是这样等下去，机遇就会像满天星斗一样，可望而不可即。即便有一天，机遇真的来到他们身边，他们也发现不了，更不用说去捕捉和利用了。所以，我们要随时给自己敲起警钟：机遇已经快来了，做好准备迎接吧！记得：我们只有动起手来，选好水塘，放好鱼饵，才有可能钓得到鱼。如果没有之前的准备，就算池塘里的鱼再大，那也只会是我们眼中的海市蜃楼，永远是空。

我们准备好了吗？还要记得：千万不要说自己准备好了，在机遇到来之前，一切都有可能。我们一定莫要等待，要充分调动起自己的一切可利用资源，做好准备，迎接机遇。

刘备死后，刘禅即位为帝，即为三国时期的蜀后主。当时，蜀与魏、吴鼎足而立，基业显赫。在蜀中，有一大批能人异士：神机妙算的“卧龙先生”诸葛亮为其出谋划策，鞠躬尽瘁，死而后已；赵云、魏延等能征善战的大将为他开疆拓土，征战四方。这些有利条件，本是百年难遇的机遇。但是，蜀国最终被魏灭，刘禅最终也成为阶下囚，被后世嘲讽为“扶不起的阿斗”。一个拥有百年难遇的机遇的人，不能成就一番事业，反而家国不保，这是为什么呢？只因刘禅先天“性驽”，才疏学浅，面对这样的机遇，他选择了等待，放弃了准备。他把自己的所有时间，都浪费在酒色之上。终于，等待，成了他灭国的根源。

我们永远要记得：机遇只偏爱有准备的人。能否抓住机遇、把握机遇、利用机遇，关键在于我们的准备。我们要想下雨出行，自然得行动起来，准备雨伞；我们要想下雪出门，自然也要行动起来，准备棉衣。如果一味等待，什么也不准备，那意味着什么？除了无法赢得机遇的垂青之外，失败也有可能正在前方等待着我们。

做好准备，机遇永远青睐有所准备的人。现在，我们做好准备了吗？如果没有，那就赶快行动起来吧！莫要等待！

## 4. 等待机遇，不如主动创造机遇

我们反复在讲，机遇是一个人成功的必备因素；我们每一个人都明白，如果没有机遇，那么人生会很难取得真正的成功；我们都清楚，机遇总是垂青有准备的人；我们也都相信，机遇会让我们的人生发生转变。机遇对于我们的重要，人人都清楚。每个人都渴望机遇能光顾自己，让自己的人生从此更加辉煌。机遇在每个人的心目中，都是珍宝。

可是，问题来了：既然人人都知道机遇如此重要，为什么还有很多人，会选择等待机遇，而不是创造机遇？他们难道不知道，等待是被动，创造才是主动吗？无论做任何事，只有主动，才能赢得先机。在机遇面前也是如此，只有学习主动创造机遇，我们才有可能更大程度地利用机遇赢得胜利。

毛遂在平原君门下 3 年，一直默默无闻，总得不到施展才能的机遇。

一次，秦国大举进攻赵国，情况危急。赵王派平原君向楚国求救。平原君决定挑选出 20 名足智多谋的人随同前往。可是，挑来选去，却只有 19 人合乎条件。这时，毛遂主动站了出来，说："我愿随平原君前往楚国。"

一开始，平原君不以为然："一个有才能的人在世上，就好像锥子装在口袋里，锥尖子很快就会穿破口袋钻出来，人们很快就能发现他。而你呢，却一直未能显示你的本事，我怎么能够带上没有本事的人同我去楚国执行如此重大的使命呢？"

平原君的话，相当苛刻。

可是，毛遂并不生气，他平静地据理力争："我之所以没有像锥子从口袋里钻出锥尖，是因为我从来就没有像锥子一样放进您的口袋里呀！”这些话，让平原君看到了他不一样的地方。于是，他便答应毛遂作为自己的随从，并连夜赶往楚国。

平原君到了楚国，可是谈判却很不顺利。20名随从，只有毛遂面对楚王，慷慨陈词，对楚王晓之以理动之以情。最终，楚王被说服了，与平原君缔结盟约。

于是，赵国围解。

事后，平原君说：“毛遂原来真是了不起的人啊！他的三寸不烂之舌，真抵得过百万大军！可是，我以前竟然没有发现他。这次，若不是他挺身而出，我可真要埋没一个人才啊！”

试想，如果毛遂不自荐，他如何才能得到平原君的重视，并且名垂青史？如果他不自荐，谁又会知道这样一个人，可以凭借“三寸不烂之舌，强于百万之师”呢？如果毛遂不自荐，赵国又怎能很快“合纵于楚”？人们常常感叹千里马常有，而伯乐不常有。既然如此，为什么非要伯乐找马呢？千里马昂首长嘶，也一定会让世人瞩目！

毛遂最终抓住了机遇，赢得了成功。他的成功，来自于机遇。而他的机遇，来自于他的主动创造。是的，他所得到的机遇，本来应该没有，是他的主动创造，让这个机遇横空出世。他没有一直坐在平原君门下，等待机遇的到来，而是勇敢地站了出来，用自己创造的机遇，为自己的人生，画上了浓重的一笔。

当然了，毛遂自荐所需的不仅仅是超常的勇气，还需要卓越的才能。也是他的才能，让他有勇气来创造这个机遇。才能从何而来？这我们在前面已经讲了：能力，是我们通过准备得来。就像毛遂的准备，他的才能，当然是经过勤学苦读得来。这一点，毋庸置疑。我们要想做一个成功人士，首先要抓紧一切时间学习提升自己的能力，然后，用能力为自己创造机遇。请记住：所有这一切，都需要我们主动出击。

现在社会正需要这种善于创造机遇的智者。想想看，找工作，谈业务，甚至找对象，哪一样不需要机遇？当机遇还在路上的时候，聪明的人，已经开始试着运用自己的能力，创造机遇了。正是因为此，他们总是能比别人更快抓住机遇，赢得成功。

愚者总是说："只要给我一次机会，我一定会成功。"但是幸运之神好像并不青睐他们，很多人等了又等，也没有等来自己想要的机会；智者从不相信运气，他们相信只要努力，就可以为机遇的到来创造条件，所以他们总是积极地做好准备，创造条件。一旦时机成熟，他们便毫不犹豫地出手，创造机遇，走向成功。

因为主动创造了机遇，他们真的成功了！

有一个美国人名叫彼克，他出生于波兰，在贫民窟长大，生活极为穷困。他只读过6年书，很小就开始做杂工、当报童。这样一个穷孩子看起来似乎没有任何成功的希望，而且机遇与幸运对他的眷顾实在太少。

13岁那年，他偶然间读到"全美名人传记大全"，随后突发奇想要和那些名人直接交往。他采取的最简单的方法：写信。每一封信中，他都提出一两个能激起收信人兴趣的具体问题。他的方法非常有效，很多名人都回信给他。

此外，只要他知道有名人来自己所在的城市参加活动，便会想尽办法进入那个场合，与所仰慕的名人见上一面。见到名人时，他通常都只是简短地说几句话，便礼貌地离开，不多打扰。就这样，他认识了很多各个领域的名人，其中还包括后来成为美国总统的加菲尔将军。

后来，他创办了《家庭妇女》杂志。凭借多年与名人的交往，他邀请他们为杂志撰稿。自然，被他邀请的名人也很乐意执笔。这本杂志因此而畅销，发行量很大。

而彼克自己，也因此脱离贫困的生活，在出版界声名大噪。

很显然，彼克也是一个善于为自己创造机遇的人。他用最简单的方式与名人交往，并且保持良好的互动，累积彼此的信任。于是，这些积累，成就了他的机遇。而他，凭借这个机遇，一举成功，成为出版界的名人。

庸者等待机遇，明者把握机遇，智者创造机遇。机遇从来都不会来自偶然，而是在一步一步地追求中全力以赴捕捉到的。要想获得机遇，我们就必须主动伸出自己的手，为机遇铺上一条道路。有了这条道路，机遇就可以大步跑来。我们一定要记得：我们人生中有许多机遇都可以由自己创造。所以无论在任何时候，我们都要试着给机遇开垦一块土地，让其在上面生根发芽，茁壮成长。当机遇丰收的时候，我们的事业，也会获得丰收。

当然了，那些坐着，想要等待机遇到来的人除外。我们是这样的人吗？

西尔维亚出生在一个背景非常好的家庭中，她的母亲是一所著名大学的教授，父亲是波士顿有名的整形外科医生。西尔维亚的理想是做一名优秀的节目主持人。她充分相信自己有从事这方面工作的才能，她时常对别人说："只要有人给我一次机会，让我上电视，我相信准能成功。"离开学校参加工作以后，她等待了一年又一年，但是，却一直没有人给她提供一个上电视的机会。于是她变得焦急、苦闷，心情烦躁，甚至不断地乞求上天能赐给自己一次机遇。

可是，机遇始终没有来到她的身边。

而另一个女孩辛迪的情况和西尔维亚的完全不同。辛迪的家庭条件很差，父母都是极普通的人，他们每天为生活奔波，根本顾不上辛迪。于是她白天打工，晚上到加州大学洛杉矶分校去读夜校。她和西尔维亚唯一共同的地方就是拥有相同的理想，她也很想成为一名节目主持人。大学毕业以后，她为了找到一份主持人或者主播的工作，跑遍了洛杉矶的每一个广播电台和电视台。但是，在每一个地方得到的答案都让她失望："我们只雇用有工作经验的人。"这听起来，有些不通情理：没有机会，又怎么能获得经验？不过，她并没有因此而丧失信心，她努力地和每一位招聘她的人沟通，期望获得哪怕实习的机会。不过，结果还是让她失望了，没有人愿意给她这样一个机会。

即便如此，她还是没有像西尔维亚那样一直等待。她开始尝试为自己创造机遇，哪怕机会渺茫。

她开始仔细浏览广播电视方面的各种杂志，并托人打探各种可能会有的工作机会。终于有一天，她在报纸夹缝中发现了

一则令她激动不已的广告：遥远的北方，有一个很小的城市，城里唯一的电视台，正在招聘一名天气预报员。虽然那个城市非常寒冷，经常下雪，可她还是坚持去了。终于，她获得了一个工作的机会。

在那里工作两年以后，她积累了丰富的工作经验，工作能力也得到了加强。她成了那家电视台的主力。这个时候，她认为时机成熟了，于是再次回到了自己所在的城市。再次应聘的时候，她几乎是轻而易举就得到了一个理想职位。又过了几年，她成为著名的电视节目主持人，事业上取得了骄人的成绩。

而另外一个女孩子呢？西尔维亚，还是在等待，等待一个上镜的机会。

这两个女孩有着同样的梦想，却是不一样的追求方式。辛迪不断尝试，不断努力积累经验，为自己创造一切可能成功的机遇。而西尔维亚却一直停留在幻想当中，她坐等机遇，希望机遇可以从天而降。但遗憾的是，机遇从来不会从天而降，她只会青睐有准备的人，青睐那些肯付出主动的人。辛迪用她的主动，为自己创造了一个机遇，创造了一个灿烂的明天。也许这两个女孩同样有才华，可是却因为对待机遇的心态不同，造就了不一样的人生。

打开每一个成功者的奋斗史，我们都可以看到相似的经历：适时创造机遇，把握机遇，用机遇使“柳暗花明又一村”，从而摘取到成功的桂冠。著名剧作家萧伯纳说得好：“出人头地的人，都是主动寻找自己所追求的运气；如果找不到，他们就去创造运气。”

我们想要出人头地吗？那就应该好好想一想，千万莫要等待！

# 5. 开拓进取，才能抓住机遇

大凡事业有成者，不仅善于抓住机遇、创造机遇，而且还都是具有开拓进取精神的人。这种人一旦找准了人生理想的坐标，就会大胆地向这个方向努力。虽然前进的路上可能会有风险，但风险往往与机遇并存。他们会想尽一切办法，把风险压到最低，把握住机遇，从而赢得成功。他们会像沙漠里的仙人掌一样，无论条件如何恶劣，总能生存。

牛顿有句名言："如果你问一个溜冰的人怎样获得成功时，他会告诉你，跌倒了，爬起来，这就是成功。"没错，跌倒了，再爬起来，这就是成功。我们每个人都曾经跌倒过，但是每个人都想过吗？在跌倒后面，有什么样的机遇在等着我们？大多数人都不曾想过这个问题，在他们的眼中，跌倒就意味着失败和挫折。当然，跌倒就是失败和挫折，但同样也是机遇。爬起来，接着前进，我们才能抓住跌倒后的机遇，开拓进取，赢得成功。

1955 年，比尔·盖茨出生在美国西部美丽的城市西雅图。11 岁时，他进入西雅图最著名的一所私立中学学习。这时正是计算机悄然兴起之际，湖滨中学花巨资购置了一台计算机供学生们了解、学习。好学的盖茨很快就迷上了计算机。

1973 年，他被哈佛录取。哈佛是世界著名大学，这里云集了全美乃至世界各地的优秀学生。在这所世界著名学府里，他如鱼得水。

1974 年，第一台个人电脑问世的消息激发了盖茨的全部激情。他决定从哈佛退学，投入到这一场计算机浪潮之中。因为，这是一次百年不遇的机遇。

1975 年，盖茨和他的好朋友保罗终于成立了自己的公司。

他们将自己的公司取名为微软公司。此时的微软虽然还没有形成大的气候,但是盖茨以及他的朋友在计算机界已小有名气。

1981年,当时最大的计算机公司IBM公司正式展出其新型个人计算机,轰动一时。而更引人注目的是,为IBM公司提供语言程序的正是年轻的盖茨领导下的微软公司。经过不懈的努力,微软取得了最终的胜利,在IBM个人电脑问世半年后,微软正式成为个人电脑软件方面的领导者。年仅26岁的盖茨也一举成名。

如今,盖茨已登上计算机软件世界的巅峰,成为新一代美国青年崇拜的偶像人物。

这些,是盖茨人生中的几个转折点。从这里我们可以看到,盖茨的性格,是坚强当中带着倔强。他认准了的事情,就一定要去做。哪怕,自己正在世人艳羡的哈佛大学就读。哪怕,自己的前途一片昏暗。是啊!一个在校大学生,毅然放弃了自己的学业,转而创业,是需要多么大的决绝和勇气!是什么,让他做出如此决定?很显然,是因为他善于开拓进取的性格。当发现机遇时,他没有犹豫,没有等待,拿出了自己的全部热情和动力,抓住了机会,赢得了非凡。

试想:如果盖茨没有从哈佛退学,他会不会错过计算机浪潮的机遇?也许会!那么他以后的人生道路,也许就并非如此了。当然,我们并不是鼓励学生不去念书,而跑出来创业。我们只是想要告诉大家:拿出勇气,开拓创新,就能抓住机遇。当然了,凡事都会有双面性,开拓进取虽然能够更好地抓住机遇,但每一次机遇选择的结局却未必尽如人意。如果盖茨从哈佛退学以后创业失败了,并不意味着一定能抓住机遇。盖茨现在是成功了,可是他当初创业的时候,谁能保证一定可以成功?没有人敢!我们想说的是,无论将来成功与否,只要能够迈出这一步,勇于开拓进取,事实上,就已经走出了最成功的一步。因为,前进一步,再前进一步,我们就会更靠近机遇。

约翰死后去见上帝,上帝查看了一下他的履历,很不高兴:“你在人间活了60年,怎么一点儿成绩也没有取得?”

约翰辩解说："主啊，这也不能全怪到我的头上，是你没有给我机遇呀。如果您让那个神奇的苹果砸到我的头上，那发现万有引力定律的就是我啦！"

上帝想了想，说："好吧，我们不妨就试验一次。"

上帝大手一挥，时光倒流回了30年前的那个苹果园。上帝摇动果树，一只红苹果落了下来，正好砸在约翰的头上。约翰捡起苹果，用衣襟擦了擦，几口就把苹果给吃完了。

上帝又让一只更大的红苹果砸到约翰的头上，约翰又把那只苹果给吃了。

上帝叹了口气："可怜的人！"他决心再给约翰一次机遇。上帝第三次摇动苹果树，一只大大的苹果准确无误地落在约翰的头上。约翰勃然大怒，捡起苹果狠狠地扔出去："该死的苹果，搅了我的好梦！"

苹果飞了出去，正好落在正在睡觉的牛顿头上。牛顿醒了，捡起苹果，豁然开朗，于是发现了万有引力定律。

时光重新回到现在，上帝说："你现在该心服口服了吧？"约翰哀求道："主啊，请您再给我一次机遇吧！"上帝摇摇头："不用了，苹果砸在每个人头上的机遇都是相同的，只是每个人把握机遇的能力不同。"

很多人都像约翰一样，把工作平平、没有加薪升职的机遇都归结于运气不好。其实命运是公平的，机遇是平等的，关键是看我们自己。有的人只把工作当成谋生的手段，把公司规定的工作完成了事，绝不多做。他们认为那不划算，没必要。那么时间多了怎么办？休息！他们把空闲的时间，全部放在了无聊的等待中，日复一日。可是，当看到别人赢得了事业上的成就时，他们又眼红了，大声嚷道：命运真是不公平！

真不公平吗？问问我们自己！问问我们自己，有没有像约翰一样，把那只红苹果，吞进了肚子里。我们为什么不像牛顿一样，拿着那只苹果，多向前进几步呢？开拓进取，永远不会过时。只有在开拓进取中，我们发现机遇，抓住机遇的概率才会大大增加。当然了，也只有在开拓进取中，我们才敢于去创造机遇，用这个机遇实现自己的人生梦想。

苏格拉底说："有希望的成功者，并不是才干出众的人，而是那些善于利用每一时机去发掘开拓的人。"海阔凭鱼跃，天高任鸟飞，只要勇于前进，我们的前方，始终都有广阔的舞台。当然了，如果我们停住了脚步，静等机遇的到来，那又另当别论了！

## 6. 别以为机遇会第二次敲门

罗曼·罗兰说："生命很快就要逝去，一个机遇不会出现两次。"虽然人生的机遇很多，但每个机遇带来的改变都不尽相同，每个机遇只有一次。这就像是我们永远无法站在同一处河水中，有很多机遇，错过了便不会再有。即使再有相似的机遇，由于时间空间的改变，对我们产生的影响也大不相同。

所以，把握好当下的机遇，机遇一旦失去就不可能再次到来。错过的，只能是永远错过。

在这里，我们尤其要指出的是：千万不要等待！等待往往会成为我们错过机遇的元凶。机遇如同时钟的秒针，等待一秒，就错过一秒；等待一圈，我们就要错过一分钟，甚至是更久。那么，在这期间的机遇，我们如何去寻？

在地中海东岸的沙漠中生长着一种特殊的蒲公英，它们从不按常规来舒展自己的生命。如若没有雨，它们一生一世都不发芽、不开花。但是只要有一场小雨，不论这场雨是在什么时候落下的，它们都会抓住这一难得的机遇，迅速发芽、开花，并在雨水被蒸发干之前，抓紧时间做完结子、传播等所有的事情。

中东地区的居民常将它作为礼物送给亲朋好友，因为把它埋在花盆里，只要不忘了浇水，它们就会生根、发芽、开花。以色列人主要把它送给拥有智慧而又贫穷的人。他们认为，在这个世界上，平民百姓发展自己、提升自己的机遇就像沙漠中的蒲公英遇到雨水一样少得可怜。但是，只要具有沙漠蒲公英一样的品质，在机遇来临的时候，果断地抓住它，大胆地去实践，同样会成为一个富裕和了不起的人。

原来，那些沙漠蒲公英栽在花盆里，被当成礼物送给亲朋好友，就是要提醒人们：在处境艰难时，不要悲观失望，不要怨天尤人，只要做好准备，在机遇到来时牢牢抓住，就一定可以迎来真正的春天。

沙漠蒲公英最可贵的品质，就是知道珍惜机遇，从不等待。只要有一点点雨水的滋润，它们便马上生根发芽，绝不错过一次生长的机会。因为它们不知道，下一次雨水会在什么时候到来。它们不确定，自己是否真的可以等到下一次雨水。所以，当下的雨水，对于它们来说，算得上是生命中唯一的一次机会，不容错过。它们真的不敢有丝毫的等待，沙漠中雨水被晒干的速度有多快，我们可想而知。也许，错过一小时，就会永远地错过生命中唯一的一次机会。

机遇真的不会第二次敲门。

秦末，刘邦和项羽先后攻入咸阳。当时，项羽率部40万驻扎在咸阳外的新丰鸿门，刘邦率部10万驻扎在霸上，两军相距很近。此时，项羽大军气势正盛，消灭刘邦的势力可谓易如反掌。谋士范增献计给项羽，让他在鸿门设宴招待刘邦，其间借机把刘邦杀掉，以绝后患。但是在“鸿门宴”上，项羽优柔寡断，一再放弃杀掉刘邦的机遇。然后，他听信项伯的“仁义”之说，放走当时处于绝对劣势的对手，并封刘邦为“汉王”。随后，项羽又从咸阳引兵东归彭城，打算回乡炫耀一番，以致贻误战机。

而这些，都给了刘邦喘息的机会。刘邦的势力日益壮大，终于能够和项羽分庭抗礼。最终，4年的楚汉之争，项羽节节败

退，最后在乌江边上四面楚歌，只能诀别虞姬，自刎江畔，令人唏嘘。

虽然项羽的悲情谢幕让我们扼腕慨叹，但是我们不得不承认一个不争的事实：他错过了稍纵即逝的机遇，导致了悲剧的发生。是的，鸿门宴上，他错失了机遇；贻误战机，他又错失了机遇。当接二连三的机遇消失不见时，他已经失去了主动权，由打人变成了挨打。他的等待，让他失去了机遇。失去了机遇，让他的故事，成了让人垂泪的千古绝唱。

当年项羽在鸿门放走刘邦时，范增曾愤然地说："竖子不足与谋也！"1949年4月，毛泽东在指挥解放军渡江追击国民党军队的前夕，曾在他的一首诗中，总结项羽失败的教训："宜将剩勇追穷寇，不可沽名学霸王。"项羽是个英雄，至少算是一代豪杰。可是，为什么别人会说"竖子不足与谋"？那是因为，他有着等待的劣性。当一切都成空时，我们还能说什么呢？很多时候，宝贵的机会就在我们面前，我们却并不感到它的宝贵。但是在失去之后，我们才发现，这个珍宝，原来只此一件。

明白是明白，但是太晚了！

一个年轻人决定要离开温暖的家，出外寻找宝物。他特别定制了一艘大船，在亲友们的祝福下，大船载着男孩的梦想扬帆出发。

他历经了险恶的风浪，穿越了无数岛屿，终于在热带雨林中，找到一棵十几米高的树木。他砍下这棵树，剥开树皮，发现木心是黑色的，而且黑色木心还飘出阵阵香气，清香的气味让人感到非常舒适。更特别的是，他将这棵树放入水中时，它居然不像其他的树木那样浮在水面，而是沉入水底，年轻人开心地想："啊！我找到宝物了！"虽然，他不知道这棵树到底是什么，也不知道它真正的用途，但他相信自己一定是找到"宝物"了！

回到家乡以后，年轻人将芳香无比的树木运送到市场里贩卖。但是，问题出现了，不管他怎样叫卖，也始终无人问津。原因是，没有人认识这种树。怎么办呢？这时候，他看见身旁卖木炭的生意相当好时，心里更不是滋味。他已经对眼前的"宝物"

失去了信心，认为他不会有什么价值。他暗自想："既然木炭这么好卖，我何不把这个卖不出去的黑色木心，也烧成木炭来卖呢？"

很快，他将木材烧成了木炭，并挑到市场去卖，很快就卖光了。

他为自己的改变与创举感到相当自豪，并把这段经历告诉了父亲。没想到，老父亲听完他的诉说后，反而难过地掉下泪水。原来，青年烧成木炭的原木，是百年难得一见的沉香木。老父亲摇了摇头说："孩子，你知道吗？你只要切下木心的一小块，磨成粉末，它的价值就超过了你卖一整年的木炭价值啊！"

他后悔莫及，又出海去找这种树木，却怎么也找不着了。

我们有没有像这位年轻人一样，错过了来到身边的机遇？也许我们曾经有过！为什么会错过，我们思考过了吗？年轻人是因为不识宝物，我们是不是也不认识来到自己身边的"宝物"？其实这样错过，并不可怕，可怕的是，机遇明明就在我们身边，我们却因为等待，让其白白溜走。想想看，在我们的工作中，这样的问题还少吗？因为等待，我们错过了最好的投资机会；因为等待，我们错过了客户，失去了业务……这样的等待，这样的错失机遇，不值得我们引起警惕吗？

记住：好机会往往就像宝矿一样，喜欢隐藏在其貌不扬的石块中，等着有心人去发现、去把握。所以，莫要等待，抓住每一次机会。我们要小心翼翼地把每次机会握在手中，慢慢地发现蕴藏在其中的无价之宝。

# 7. 等待，只能让机遇变成遗憾

人生真的很有意思。我们总会遇到很多机遇，但与机遇相伴的，往往会有很多选择。中国古语说“鱼与熊掌不可兼得”，当我们遇到人生岔道口，需要进行选择的时候，因为不知道如何选择，所以往往会犹豫。我们会站在岔道口上，左右徘徊观望。于是，我们等待了。可是机遇稍纵即逝，自然在等待中，我们又失去了成功。

等待是成功的绊脚石。许多原本可以成功的人，正是因为等待，于是与一个个机遇擦肩而过，空余遗憾。只有善于向前奔跑、拒绝等待的人，才能紧抓住机遇，走向成功。

唐朝初年，高祖李渊为了平定天下，委派将军李靖担任行军总管兼行军长史，统率大队兵马去攻打江陵的萧铣。萧铣部兵马甚众，更有长江三峡陡峭天堑，易守难攻。李靖认真分析了敌我双方的形势，迅速决策，很快做好战斗准备。不久，浩浩荡荡的大军雄赳赳地向江陵进发。萧铣的探子得到李靖大举进攻的情报，急急忙忙赶回江陵向萧铣报告。萧铣大吃一惊，继而哈哈大笑，向部将说道：“眼下秋雨潇潇，寒气凛人，谅他李靖几十万兵马能飞过长江不成？再说三峡天险，危路岌岌，他纵是神通广大，也难免葬身鱼腹。我想李靖不过是虚张声势罢了，不必多虑。”经萧铣这么一说，部将们也都放下心来，放松了防守。

9月，李靖率领三军将领经过长途行军，来到长江边。只见江水横溢，白浪滔天，其势如千军万马，奔腾咆哮，令人心惊胆寒。有位将领见此情景，便向李靖建议说：“江水泛滥，三峡险峻，战士们渡江一定十分困难，依我看，不如等江水退了，我们再打过江去。”

李靖站在高处，面对滔滔江水用力地挥着手，语气坚定地说：“现在一定要渡过江去，打他个措手不及！要知道，兵贵神速，机不可失。我们突然来到这里，萧铣一点儿也不知道。纵然知道，他也只会以为我们被江水阻隔，不会马上进攻。所以，我们必须在他还没有调集兵马之前，趁着这江水猛涨的大好时机，以迅雷不及掩耳之势，一举攻到城下，这才是用兵的上策。”将领们听了这席话，士气高昂。在李靖的指挥下，战士们很快攻下夷陵，杀伤敌军数万，掳获船只四百余艘。

李靖带领军队乘胜前进，统一了江南。“机不可失”的故事，也成为战争典故。

我们来看，“机不可失”里的“机”指的是什么？自然是时机！时机往往会具体到一个点，一分甚至一秒。那么好，现在，我们明白了，取得胜利的关键，就在特定的那一分钟，甚至是那一秒钟。这，才是“机”。等待，耽误的是时间，贻误的是时机。所以，无论做什么事情，如果等待下去，我们会失了时机，错过机遇。没有了机遇，想要成功恐怕有些难。留下的，也许就只有遗憾了。

春秋时候，楚国有个擅长射箭的人叫养叔。他能在百步之外射中杨树枝上的叶子，并且百发百中。楚王羡慕养叔的射箭本领，就请养叔来教他射箭。养叔把射箭的技巧倾囊相授。楚王兴致勃勃地练习了好一阵子，渐渐能得心应手，就邀请养叔跟他一起到野外去打猎。

打猎开始了，楚王叫人把躲在芦苇丛里的野鸭子赶出来。野鸭子被惊扰振翅飞出。楚王弯弓搭箭，正要射猎时，忽然从他的左边跳出一只山羊。他心想，一箭射死山羊，可比射中一只野鸭子划算多了！于是他把箭头对准了山羊，准备射它。可是正在此时，右边突然又跳出一只梅花鹿。他又惊又喜，心想若是射中罕见的梅花鹿，就更有意思了。于是他又把箭头对准了梅花鹿。忽然随从一阵惊呼，原来从树梢又飞出了一只珍贵的苍鹰，

振翅往空中飞去。他又觉得还是射苍鹰好。

可是，当他正要瞄准苍鹰时，苍鹰已迅速地飞走了。他只好回头来射梅花鹿，可是梅花鹿已逃走了。再找山羊时，山羊也早溜得没影了，连那一群鸭子都飞得无影无踪。他拿着弓箭比画了半天，结果什么也没有射着。

所有的机遇，都有一个共性，那就是稍纵即逝。这就如同流星划过天空，如果不早早做好准备，在流星到来之前徘徊观望，那么，我们的眼神再锐利，也难以捕获从夜空中划过的流星。楚王的故事，就很好地说明了这一点。可以说，楚王是一个三心二意的人。他的犹豫，他的等待，让他丢了西瓜，也丢了芝麻，最终一无所获。我们是像楚王一样的人吗？如果是，如果我们还在等待，那就一定要小心了。机遇的速度太快，抓不住，它就不是我们的了。

在我们的一生中，机会有很多。但一个机会，却只有一次。虽然在生活和工作中到处都存在着机会，只要用心，就能将其发现。但是朋友，那个最最适合我们的机会，只有一次，它是众多机遇中的一个“特例”，它能帮我们真正地走向成功。我们要错过它吗？我们要用等待，将它变成遗憾吗？

千万不要！职场如战场，失去了一次最佳战机，也许我们会错失了整个战斗。

那么，我们应该怎么把握住机遇，做出最佳选择？看看苏格拉底是怎样教育他的学生的。

古希腊哲学大师苏格拉底的三个弟子曾求教老师，怎样才能找到理想的伴侣。苏格拉底没有正面回答，却让他们走田埂，只许前进，且仅给一次机遇，要求是摘一个最好最大的麦穗。

第一个弟子没走几步，就看见一个又大又漂亮的麦穗，高兴地摘下来了。但他继续前进时，发现前面有许多比他的那个大，但已经没有机遇，只得遗憾地走完全程。

第二个弟子吸取了教训，每当他要摘时，总是提醒自己，后边还有更好的。可当他快到终点时，才发现机遇全错过了。

第三个弟子吸取了前边两个弟子的教训。当走过全程1/3时,即分出大中小三类;再走1/3时,验证是否正确;等到最后1/3时,他选择了属于大类中的一个美丽的麦穗。虽说,这麦穗不是田里最好最大的一个,但对他来说,已经是心满意足了。

很有哲理的一个小故事。很显然,第三个弟子的方法最佳。那些麦田里的麦穗,其实就如同我们人生的机遇。怎样去发现,怎样去把握,成了一门极其高深的学问。但是我们有理由相信,只要抓住每次机遇的那个"时间点",我们就能牢牢把握住机遇,赢得成功。但问题是,我们怎样去把握那个"时间点"? 别等待! 因为,一旦错过了那个点,我们将再也没有找回的可能!

在工作中,很多人常常抱怨没有机遇,抑或抓不住机遇。没有机遇,自然就难以走向成功。可是,他们有没有真正地好好想一想:为什么会没有机遇? 为什么会把握不住机遇? 原因到底在什么地方? 原因自然还在我们身上。很多时候,是因为我们等待了。我们的等待,让机遇从我们身边或消失,或错过。没有了机遇,自然难以赢得成功。

可以说,是等待,让我们的机遇,变成了遗憾。

好好想想看,是不是这个道理。

# 第六章

# 主动工作，莫让主动在等待中变成被动

18世纪美国最伟大的科学家和发明家富兰克林有句话是这么说的："你要追求工作，别让工作追求你。"他其实是想要告诫我们，一定要搞清楚工作中的主从关系，我们要做工作的主人，而非让工作做我们的主人。做工作的主人，那就要奔跑在工作的前面，引领着工作进入正确的航道；工作做我们的主人，工作在前我们在后，那就变成了工作拖着我们跑。这两种工作方式，孰优孰劣，可想而知；效果孰好孰坏，不言自明。所以，如果我们现在还在被动地跟着工作跑，那就赶快调整吧！我们需要主动工作，莫要等待！

# 1. 不能主动前进，就会后退

战场上，面对敌人的顽强抵抗，如果没有接到命令，冲锋的战士只能勇往直前，前赴后继，否则就是逃兵；

生活中，面对困难和挫折，如果生命不止，我们就要迎难而上，一旦选择了畏难退缩，我们就会成为怯懦之人，为人不齿；

学习上，面对“千军万马过独木桥”的竞争，如果没有勤奋的努力，又怎么能“天天向上”呢；

工作中，面对生存的压力、市场的竞争，如果不去主动挑战，不去追求卓越，不去提高自己，我们的能力、我们的绩效、我们的素质又怎么能展示出来呢，不前进的后果只能是被人替代或者被边缘化；

……

“不能主动前进，就会后退。”这就是社会现实，这就是我们的生活，残酷与挑战并存，这种社会现象使得我们必须努力地成为“强者”，否则我们就可能在“适者生存，优胜劣汰”的游戏规则中失去应有的位置。

为什么不前进就会后退呢？我们说“逆水行舟，不进则退”，这里面有一个前提条件，就是“逆水”。那么，顺着流水的方向，不就可以轻松地前进了吗？事实并非如此，因为“顺流而下”，顺着流水的方向，只能够越来越向下，不可能登上远方的高峰。

每天我们都要面对外部环境的变化和竞争对手的威胁，对我们而言这些威胁和困难就如同逆水一样，必须迎难而上，根本容不得你有半点儿的停滞和后退。

王兵大学毕业后进入了一家国企工作，当时让同学们羡慕不已。工资稳定，工作轻闲，这一切也让王兵感到心满意足，他觉得自己这一生可以安稳了，慢慢熬个几年，也能当上个小领导。

可是天有不测风云。几年过去了，一份看起来很有前途的工作，转眼间却变成了“鸡肋”。由于王兵所在的企业缺乏市场竞争力，加上最近几年企业转制不成功，各种福利待遇越来越少了，下岗的阴影长期不散，王兵感到焦虑不安。有一次，同学聚会时，王兵见其他同学一个个开着好车，穿得光彩鲜艳，十分羡慕。回家后，王兵情绪十分低落，想想自己几年前都是别人羡慕的对象，现在情况倒过来了，自己的能力并不比别人差，只是进入了国企，被制度所限制了才能的发挥。最后，王兵思前想后，做出一个很久都想做的决定：辞职。

辞职后，王兵进入了一个老同学开的公司。大家是同学，水平相互了解，同学老板把一些对专业的工作交给了王兵。可是，那些曾经的专业对王兵来说已经不“专业”了。这些年来，在国企上班，只是最初的半年还涉及过专业知识，后来工作有了些小成绩，当上了小干部后，这些专业上的事都是下属做了，自己往往是一杯茶、一份报纸过一天，根本没有再学任何新东西。加上近几年这个专业更新比较快，好多新知识王兵根本不知道。为了不让同学老板失望，王兵也想硬着头皮充电，只是他早已经没了学习的激情。工作中发生几次失误后，同学只好撕破了面子，让王兵自谋出路。

人生就跟时钟一样，只能前进，不能后退，就算是停滞不前，说明你的人生之钟也是出了问题的。况且这是一个充满着竞争的社会，你不进，别人进，即使你看起来在工作，似乎在前进，相对于他人而言，你的前进甚至是可以忽略不计的，因为别人比你更快。就像汽车在高速公路一样，当你将 110 公里的时速，突然下降到 80 公里的时速，那么后面的车马上追赶而过，那就等于你在后退了。你要追赶上他，必须花一段时间。

因此，人必须前进，这就是你的工作目标，而这个目标的主动权掌握在你的手中。你主动一些,目标就离你近一些。

刘剑平是北京南站的一名售票员,貌不惊人的他凭借自己的努力,在这个普通的岗位上闯出了一片属于自己的天地。

刘剑平原本是设备车间的一名职工。2008年,36岁的刘剑平被调到售票车间工作,而和他一起分去的,"清一色"都是二十多岁的小姑娘、小伙子,与他们相比,刘剑平不论在记忆力还是精力方面都不吃香。本来在设备车间自己一直都是优秀的一名员工,现在突然间来到一个陌生的岗位,刘剑平心想:"我不能比别人差,一定要努力学习,这样才不至于落后他人。"

自打上岗的第一天起,刘剑平就打定主意:一定要干好。那段时间,同事们常看到刘剑平在午休时捧着书一边读,一边记,没过多久,对售票一窍不通的他,硬是把售票员需要掌握的知识背得滚瓜烂熟。

进入高铁时代后,站里对售票员的要求也在提高,如何再次在工作中掌握主动权呢?不服输的刘剑平再次捧起书本,把京沪高铁、京津城际沿途各站的相应票价,甚至沿途各站的旅游景区都背了下来。"这样可以提高售票的效率,节省旅客排队等候的时间。"为了做好售票工作,刘剑平没少动脑子。

不仅如此,每次上岗前,刘剑平还会仔细查询几个重点车次的票额情况,这样,遇到旅客需要的车次没有票时,他便可以推荐旅客购买其他车次的车票,帮助他们解决出行难题。

一分耕耘,一分收获。因为主动,在北京南站售票车间的光荣榜上,刘剑平的名字已连续几个月名列前茅。

成功是一种主动工作的积累,那些一夜成名的人,其实,在他们获得成功之前,已经默默地奋斗了很长的时间。任何人要想获得进步,就必须永远保持主动率先的精神,哪怕你面对的是多么令你感到无趣的工作。

有些工作确实很简单,你可能一看就懂,一学就会,可是很多人往往只停留在看的基础上,却没有主动去学,总以为自己很了不起,殊不知,在他自我满足的过程中,别人已经超越了他,他已经落后很远了。

我们很小的时候就知道要“天天向上”，怎么样才能做到“天天向上”呢？我们需要主动进步，进步就是一种向上的势头，缺乏这种主动向上的势头，你就会后退，你的人生将一无所获。

为了梦想，主动，主动，再主动一些吧！

## 2. 掌控自我，学会做自己的主人

没有人喜欢工作中的拖拖拉拉，很多人想要改变这种工作状态，但他们迟迟没有成功。有些人明白自己为何拖拖拉拉，而有些人则只是模糊地觉得事情应该有所变化，却苦于没有明确地决定采取哪些措施。很多时候，症结在于他们弄不清自己的阻碍，也就谈不上想办法克服，结果就只能把剩余的时间用来寻找借口，一拖再拖。

由此可见，很多人不成功的原因不在于别人，主要原因在自己。他们嘴上说“想成功”，可是内心深处或者工作上的一切行动证明，他们并不想成功。为什么会出现这种自欺欺人的现象呢？因为这些人根本搞不清自身的情况，无法掌控自我。这种人又怎么能取得成功呢？

我们的命运并不是掌握在别人的手里，不论你的岗位有多低，工作有多么平凡，只要你有梦想，能够掌控自我，按照自己的梦想一步步地走下去，你就能取得成功。

苏现凯，天津港的一名普通农民工，如今不但在塘沽买了房，还拥有了自己的小车；被评为天津市劳动模范，并获天津“五一劳动奖章”。这位当初只有初中文化水平的农民工是怎样掌控命运，在天津港实现他的梦想的呢？

1996年4月，18岁的苏现凯怀揣着梦想从山东乐陵老家来到了600公里外的天津港打工，那时苏现凯的想法很单纯，为了多挣钱养家，不过穷日子，他心甘情愿地当上了又苦又累的装卸工。

当时，装卸设备自动化程度不高，港口作业还是手搬肩扛。装卸工是体力活，铁钩、垫肩和破棉袄，是天津港装卸工那个时代离不开的“三件宝”。平均每包180斤重的杂货，苏现凯每天一扛就是几十包，每天下班后，走起路来双腿沉得像灌了铅似的，肩膀像被火燎着那样灼疼，尽管如此他还是咬牙坚持。

如此机械性的工作既累效率还不高，一段时间后，苏现凯就开始琢磨装卸里的“道道”，由于工作突出，一年后苏现凯就被提升为装卸组班长。2004年年初，天津港劳务公司成立五洲集装箱码头装卸队，苏现凯主动迎接挑战，通过竞聘开始担任五洲装卸队队长。

如今，天津港与当初苏现凯初到时大不相同，装卸工人早已经告别了手搬肩扛的传统作业模式，实现了高科技的机械化作业。像苏现凯现在就任的五洲装卸队，就在目前天津港最先进的集装箱作业区。苏现凯凭着自己十多年的集装箱作业经验，在最短的时间内使装卸队效率得以快速提高。2006年7月，苏现凯率领的装卸队更是一举创下了单一航线单船集装箱装卸全球之最。

苏现凯认为，命运掌握在自己的手中，作为外来工，单位这么信任自己，一定要干好。这是苏现凯的信念，也是给自己和他率领的装卸队确定的工作目标。

2010年10月，苏现凯带领装卸队，在船舶靠好岸前提前做好接船准备，一个个集装箱又快又稳地卸到既定位置，他们仅用13个小时便完成“天隆河”全船5960自然箱的接卸作业，船时效率达到了每小时458箱，刷新天津港集装箱船时效率最高纪录，苏现凯和工友们又紧张又兴奋：“458箱，我们创造了天津港的新纪录！”

天津港近些年的变化令世人瞩目，不但给世界展现了一个

快速发展的港口，也给予参与港口生产的农民工以关爱与尊重，并给农民工的成长成才提供了空间。作为外来工代表，苏现凯被选为天津市第十五届人大代表并出席了天津市人代会。按照天津市对劳模的特殊政策，有关部门为苏现凯解决了天津市户口，家人也随之落户，使其实现了从一个农村娃到城市人的华丽转身。

我们生活在一个充满竞争的时代，竞争的残酷固然存在，但是，机遇也同样存在，如何在严峻的就业环境中站稳脚、大发展，苏现凯给我们做出了榜样。他通过自己积极的工作表现，最终改变了自己的命运，也向我们证明了：只要善于掌握自我，主动工作，每一个诚实劳动的人，都能人生出彩、梦想成真！

那么，我们应该如何掌控自我，在工作中做自己的主人呢？

第一步，要积极面对自身的不足。工作中的拖拉、不主动是由多种原因造成的，最主要的原因就是心态问题。任何工作表现都是由心态决定的，某一项工作愿不愿意做、能否做好，都是心态使然。因此，当我们的工作出现拖延时，一定要有一个好的心态，正视自身的不足，找出原因，这样才有利于改正，切莫让众多的借口蒙蔽了你的眼睛。

第二步，要增强自信。自信，是指相信自己有能力完成工作任务。福特汽车公司的创始人亨利·福特就曾说过，不论你认为自己行，还是认为自己不行，你都是对的。就是说，一个人如果有自信，你就会成为自己的主人，那么接下来的工作都会好做得多。当然，自信并不是简单地重复"我能完成自己的任务"，因为这种重复有时候会连自己都不相信自己所说的是真的。真正的自信应当是了解自己已经具备了哪些技能，回顾过去的成就，并且驳斥那些消减我们自信的消极想法，然后积极主动地去工作，你会发现：原来自己真的能做好！

第三步，找到解决方案。能否成功地战胜困难，一部分取决于问题本身的性质，一部分则取决于我们所能够动用的资源。为了解决问题，我们应该相信自己一定能够找到解决问题的方案，这样，我们才能更愿意去寻找答案，也就更可能找到答案，至少明确解决问题对自己的生活有好处。有了这种心态，我们才会主动地去寻找解决问题的方法。

第四步，制订行动计划。怎样掌控自己的工作流程呢？最好是制订一个行动计划。这样更有利于规范自己的工作，从而将工作中的每个细节了如指掌。当然，在执行计划的过程中，要及时发现自己的不足，这样才能更加全面地掌控自己，让自己少走弯路，少犯错。

总之，工作中每个人都会遇到问题，但是我们应当勇敢地承担起解决问题的责任，增强自己对事态的控制感，积极面对可能出现的障碍，用自己的积极行动，有条不紊地找出可行的方案和存在的阻碍，制定合理的目标并分解为切实可行的子目标，专心致志、斗志昂扬地朝解决目标前进——实现真正的掌控自己。

## 3. 把主动权牢牢掌握在自己手中

当一项工作任务分配下来后，有些人并没有积极地去行动，他们等待上司为自己做好工作计划，等待同事打“头阵”，等待他人为自己铺好路……有了他人铺垫，工作就会显得如此的轻松、简单。可是，一旦工作中出现问题，这些人就显得茫然不知所措，因为他们并不了解自己整个工作的流程，不知道从什么地方寻找问题，或者是依赖他人来解决问题，这样一来，自己工作成绩的好坏就完全掌握在别人的手中了，自己只是一个执行者而已，毫无成就可言。

事实上，工作就是一道选择题，不是主动就是被动。这两种选择有着完全不一样的结果，如果你被动地去工作，什么都听别人的，什么都由他人为你安排，那么你将会失去工作的主动权，工作的结果也就不在你的掌控之中；如果你主动地去工作，主动地解决工作中的问题，主动地做好工作中的细节，那么工作的结果一定是朝着你预定的方向发展的。

小红是一名优秀的销售人员。在销售过程中，她总是先入为主，牢牢把握住消费者的消费意愿，然后将消费者带到自己的产品介绍之中，因此她的成功率很高。

例如，她往往会问顾客："是给您包一件还是包两件呢？两件刚好是一个月的用量。"被这样询问的时候，绝大多数顾客都会脱口而出："那就两件吧。"

当客户说"我现在没时间"时，小红就说："先生，那您一定是个很会赚钱的大忙人，您也一定听说过洛克菲勒说的'每个月花一天时间在钱上好好盘算，要比整整30天都工作来得重要'。因此，您每个月都会至少有一天的累计时间来计划钱的去处吧？我不会耽误您多长时间，10分钟就行！您看，是星期一上午您比较方便，还是星期二下午？"

当客户用"我没钱"来推诿的时候，小红就说："先生，如果您说的情况是真的，那您就真的很有必要系统化地理财了。刚好我们有这方面的服务，不如我送些资料给您先看看，你看我是在下星期五还是周末给您送资料呢？"

当客户说："不好意思，具体情况我现在无法确定，所以不能给你答复。"小红又说："先生，既然您还没有最后做决定，不妨参考一下我们的方案．看看是否合意，还有哪些缺点要改进。您看。我是星期一过来还是星期二过来呢？"

总之，无论客户以什么样的理由来推诿，小红总是主导着整个销售过程，让销售进程始终朝着她所预期的方向发展。由于总是将主动权掌握在自己手中，小红的业绩在公司一直名列前茅。

在工作中怎样做到主动出击，应该这样：有任务立即执行；敏锐地分析工作出现的各种问题；主动积极地接受工作的挑战；主动地找理由、找机会做好自己的工作……如果主动去做，我们可以把工作做得比想象中的更好。当然，如果你不想这么累，工作也可以变得很轻松，让别人为你安排好一切，别人怎么说你怎么做就可以了，但是你从这个工作中除了得到金钱，你还能收获什么？难道你不想看到自己在这个世界存在的价值吗？

你可曾想到，一旦你拥有了主动权，就拥有了“胜利”的权利！而当你轻而易举地把主动权“让”出去的时候，你就亲手断送了取胜的权利，胜利就会离你越来越远。人生也是如此，其实我们每个人都有权利主动地选择自己想要的生活，有权利选择自己热爱的事业，有权利选择自己想要去的地方，更有权利选择自己想做的事情。特别是当你有权利选择的时候，请一定把主动权掌握在自己手中，因为此时此刻你手中牢牢紧握的不只是一个选择权，更是把命运掌握在自己手中！

1962年，周晓光出生于浙江诸暨，是家里的第一个孩子，父母都是农民，后来又给她生了5个妹妹1个弟弟。在那个年代，父母每天拼死拼活地干活，全家仍然吃不饱肚子。在周晓光的记忆里，每年春天，家里就闹饥荒，总能听到父母边忙碌边小声说：“粮食没了，明天还得去借。”从小学、初中直到辍学，她一直都交不起学费、书费，尽管每学期只需要两三块钱，但父母却无处可借。贫穷对她来说是刻骨铭心的。

为了改变自己的命运，周晓光很小的时候就有了梦想。十四五岁的一天，周晓光路过村里的供销社，看到柜台里摆着一双款式新颖的黑色平绒鞋，3块钱。那双鞋勾起了她有生以来最为强烈的占有欲。为了得到它，她把自己一个学期的所有周末都奉献给了大山：采草药，回家晒干再送到镇上卖。积攒到两块钱的时候，她说服奶奶借给自己一块，把鞋买回了家。

后来，周晓光走出了大山，从此开始在全国各地走街串巷卖小商品，一干就是三十多年。为了省住宿费，她白天摆地摊，晚上不是在嘈杂的火车站就是在晃动的车厢里度过。有时坐火车没有座位，她就在座位底下铺一块塑料布，钻到座位下面睡觉。

最初的6年间，周晓光南到海南岛，西到云贵川，北到黑龙江，足迹遍及浙江以外的17个省市自治区，也赚了2万元。1985年，周晓光嫁给了一个卖绣花样的人。不久，夫妻两人拿出所有积蓄，在义乌第一代小商品市场里买下了一个面积1平方米的固定摊位，专门经营小饰品。夫妻俩一个负责去广东进

货，另一个负责在义乌看摊。几年下来，他们就在义乌最好的住宅小区买了新房，在市中心买了店铺，生意越做越好。

出来闯世界时的梦想几乎都实现了，但周晓光好强的性格丝毫没有改变，她决定创建自己的企业。这一次，她再次牢牢地掌握了事业的主动权。1995 年 7 月，夫妻俩拿出 700 万元投资开办了第一家工厂——新光饰品厂。此后 3 年里，产值连续翻番，并逐渐在全国建立了自己的产品销售网络。2000 年 5 月，新光产品在香港会展中心举行的国际珠宝饰品展上火了一把。来自亚洲、美洲、欧洲五十多个国家的七十多个客户被吸引，4 个展位挤满客户，带去的 8 名翻译不够用，又临时请了 4 名。一些客商在会场等不到下单，索要了资料再赶到义乌面谈。周晓光打破了由韩国人和中国香港人称霸饰品市场的局面。

饰品行业的特点是周期短、更新换代快，没有强大的设计开发能力根本无法在市场立足。为了掌握市场主动权，在事业上升期，公司每天要开发一百多款新产品。在 15 年的发展过程中，公司产品内销占 60%，外销占 40%，出口全球七十多个国家，90% 以上都是打自己的品牌，周晓光的净资产也达到 15 亿元。

由于小饰品行业竞争激烈，恶性竞争难以避免。每次遇到这种情况，周晓光都坚信："只有跳出新光，掌握主动权，才能成就新光。"正是在人生的道路上处处掌控着主动权，周晓光才取得了今天的成功。2013 年，她入选福布斯亚洲商界权势女性 50 强。

作为一个出生在贫困山区的农家女，再到一个拥有数千名员工的集团负责人，周晓光的成功说明一个道理：掌握了主动权，你就掌控了一切。

把主动权掌握在自己的手中，主要包含着两个方面的意义：一是不盲目地从他，即不跟在别人的身后，不活在别人的意念里，不去追求别人为自己构筑的成功；二是积极主动地去争取，争取属于自己的权益、自己的成功、自己的幸福，这样的人生才是属于自己的。

要想实现人生的梦想，要想体现自身的价值，你需要主动出击，将主动权牢牢地掌握在自己的手中。行动吧，千万别让主动权落入他手！

## 4. 主动执行，切莫等待

比尔·盖茨说："一个优秀的员工，应该是一个积极主动的人，他不但能主动做好自己的本职工作，还能主动为老板分担忧愁，这样的员工，自然是当下所有老板最欣赏的员工。"

所谓的主动，就是随时准备把握机会，自发自动地完成任务的态度。这种态度不需要别人的督促和吩咐，更不需要别人的强迫，而是心甘情愿做事的精神状态，甚至是"为了完成任务，在必要的时候，不惜打破常规"的智慧和能力。这种态度使员工能够创造性地工作，而不是被动、机械地应付公事。主动做好自己本职工作的员工，往往比那些被动的员工更有发展前途。

我们可以发现：在公司里，那些不论老板是否安排工作，自己主动去找事干的员工；那些交给任务、遇到困难后不会提出"怎么办"的员工；那些主动请缨、排除万难、为公司创造利润的员工，都是优秀的。他们与那些抱有马马虎虎、漠不关心的工作态度，除非在公司的规章制度压迫下才能把事情办成的被动者相比，确实有着天壤之别。正如比尔·盖茨所说，老板最欣赏的员工是那些主动执行者。

每个人都应该明白，工作是自己的，主动执行不仅对公司有利，对自己更有利。如果只有在老板注意时才有好的表现，那么你永远无法达到成功的顶峰。最严格的表现标准应该是自动自发的，而不是由别人要求的。如果你对自己的期望比老板对你的期望还要高，那么你就无须担心会失去工作。同样，如果你能达到自己设定的最高标准，那么加薪晋职也将指日可待。如果你想加入优秀员工的行列，就必须永远保持主动率先的精神，即使面对缺乏挑战或毫无乐趣的工作，你也要满怀热情地去完

成它。

当你养成凡事主动执行的习惯时，你就有可能从普通员工中脱颖而出，从而受到老板的青睐。

小思在公司研发部工作，她热爱自己的工作，对自己的工作一直十分投入。小思认为只有主动做事，才能做好工作，被动只会导致失败。不过最近她有了烦恼：看到同事们循规蹈矩地做事，一点儿都没有积极性，她觉得自己应该为大家创造一种主动积极的氛围。

同事们却不以为然，虽然都很佩服小思，但并不赞同她的观点。同事们认为，作为研发部门，只要完成公司下达的研发任务就可以了，没有什么值得忧虑的。况且好多工作，并不着急，慢了一天两天没有什么。因为公司是同行业的龙头，完全没有必要担心在激烈的市场竞争中被挤掉。

小思没有受到同事们的影响，她还是暗下决心，要在完成公司任务的基础上开拓创新，让公司的产品研发实现又一个飞跃。

小思的辛劳没有白费，不久，她就研发出了一款新产品，并且一上市就引起了顾客的喜爱。老板对于小思的积极主动很是赏识，不久，就提拔她为研发部的总监助理。

著名成功学家拿破仑·希尔曾经说过："主动执行是一种极为难得的美德，它能驱使一个人在不被吩咐应该去做什么事之前，就能主动地去做应该做的事。"他还说过："这个世界愿对一件事情给予大奖，包括金钱与名誉，那就是主动执行。"正如拿破仑所说，小思得到了自己的"大奖"，她在积极主动的工作过程中不仅实现了自身的价值，而且还得到了晋升的机会。更重要的是在工作的过程中，体会到了积极主动工作的快乐。

可见，任何一个老板都喜欢主动执行的员工。反之，一个总是等待命令的员工，在工作中没有任何主动性、创造性，很难全身心地投入工作，这样的员工又怎么能得到老板的喜欢呢？

其实，一个员工最糟糕的不是缺少知识和能力，而是缺少积极主动的心态。一个没有主动精神的人，工作对他们来说只是一件养家糊口的工具，一种生存的手段，甚至是一种负担、一种累赘。这样的人工作起来毫无热情，接受工作任务时能拖就拖、能等就等，工作效率和工作结果自然可想而知。事实上，别人是不会替你完成工作的，与其无谓地等待，到头来还是自己做，不如主动执行，给老板留下好的印象。

切莫等待，等待无益。任何成果的取得无不跟主动的工作精神息息相关，任何一个想登上成功之巅的人，从来都懂得成功不是靠坐、靠等而来的。他们懂得最聪明的员工应该主动创造机会争取高职和高薪，应该用平时的辛勤汗水来换取未来的功成名就，而不是坐等机会的来临。

主动执行就是要变“要我做”为“我要做”。很多工作都是枯燥乏味的，面对平凡的工作，只有具有“我要做”的主动精神，才会让你在平凡的工作中取得非凡的业绩。如果总是消极地将工作定性为“要我做”，那么你永远都不是心甘情愿地去工作，在这种被动性的工作中，能拖则拖也就自然而然了。所以，永远不要把“要我做”当成工作的前提。高绩效最喜爱“我要做”的那类人，并乐意为其效劳。鉴于此，你必须像优秀员工那样，发扬主动率先的精神，变“要我做”为“我要做”。

那么，如何让自己主动起来呢？其实，主动的性格需要后天培养，没有任何人天生就是积极主动的人。李开复在《做最好的自己》一书中这样说：“每一个年轻人都要拥有一颗积极、主动的心，要善于规划和管理自己的事业，为自己的人生做出最为重要的抉择。没有人比你更在乎你自己的事业，没有什么东西像积极主动的态度一样更能体现你自己的独立人格。”为此，他还列出了远离被动的 7 个步骤：①拥有积极的态度，乐观面对人生；②远离被动的习惯，从小事做起；③对自己负责，把握自己的命运；④积极尝试，邂逅机遇；⑤充分准备，把握机遇；⑥积极争取，创造机遇；⑦积极地推销自己。

主动权掌握在自己的手中，如果你想做一个成功者，那么就主动执行吧，切莫等待！

5．

## 等待，主动将慢慢变成被动

今天的社会，是一个充满竞争、充满机会与挑战的社会。受大环境影响，企业的环境也总是处于困难和竞争之中。在这种残酷的环境中，每个公司必须时刻以不断做大做强为目标才能生存。要达到这个目标，公司员工必须与公司制订的长期计划保持步调一致，而员工真正要做到与公司“一致”，必须抱着积极进取、主动出击的“攻击”态度。

如果你在竞争中只“守”不“攻”，你的能力也将会随着时间的流逝而变得平庸起来，原本能够掌握的主动权慢慢丧失，最终变成被动。当你因等待处处变得被动时，你所等待的只会是被企业淘汰的命运。因为，没有哪家企业喜欢一个被动工作的员工。

例如，微软在招聘员工时，颇青睐一种“聪明人”。这种“聪明人”，并非在招聘时就已是某一方面的专家，而是一个积极进取的“学习快手”，一个会在短时间内，主动学习更多的有关工作范围知识的人，一个不单纯依赖公司培训，主动提高自身技能的人。这种员工能够把握工作的主动性。曾在微软工作过的吴士宏就是这样的一个人。

吴士宏曾经是北京一家医院的普通护士。用吴士宏自己的话说，那时的她从事着“毫无生气甚至满足不了温饱的护士职业”，除了自卑地活着，一无所有。她自学高考英语专科，还差一年毕业时，她在报纸上看到 IBM 公司的招聘启事，于是她通过外企服务公司准备应聘。此前外企服务公司向 IBM 推荐过好多人都没有聘用，吴士宏虽然没有好学历，也没有外企工作的资历，但她有一个信念，那就是“绝不允许别人把我拦在任何门外”。于是，吴士宏来到了五星级标准的长城饭店，鼓足勇气，走进了 IBM 公司的北京办事处。

IBM 公司的面试十分严格,但吴士宏顺利通过了筛选,在面试即将结束的时候,主考官问她会不会打字。那个时候,几乎没有人家里有计算机,吴士宏也从未摸过打字机。不过,为了获得这次机会,她还是条件反射地说:"会!"

"那你一分钟能打多少?"

"您的要求是多少?"

主考官说了一个标准,吴士宏马上承诺说可以。因为她环视四周,发现考场里没有一台打字机。果然,主考官说下次来时再加试打字。

面试结束,吴士宏立即向亲友借了 170 元买了一台打字机,没日没夜地敲打了一个星期,双手疲乏得连吃饭都拿不住筷子,竟奇迹般地敲出了专业打字员的水平。此后好几个月她才还清了这笔当时对她来说不小的债务,而 IBM 公司却一直没有考她的打字水平。吴士宏就这样成了这家世界著名企业的一员最普通的员工。

正是靠着这种积极主动的竞争意识,吴士宏顺利地迈进了 IBM 公司的大门。进入 IBM 公司的吴士宏不甘心只做一名普通的员工,因此,她每天比别人多花 6 个小时用于工作和学习。于是,在同一批聘用者中,吴士宏第一个做了业务代表。接着,同样的付出又使她成为本土经理,又成为第一批去美国本部做战略研究的人。最后,吴士宏又第一个成为 IBM 华南区的总经理。这就是主动付出的回报。

1998 年 2 月 18 日,吴士宏被任命为微软(中国)有限公司总经理,全权负责包括香港在内的微软中国区业务。据说为争取她加盟微软,国际猎头公司和微软公司做了长达半年之久的艰苦努力。吴士宏在微软仅仅用了 7 个月的时间就完成了全年销售额的 130%。

在中国信息产业界,吴士宏创下了几项第一:她是第一个成为跨国信息产业公司中国区总经理的内地人;她是唯一一个在如此高位上的人;她是唯一一个只有初中文凭和成人高考英语

**大专文凭的总经理。在中国经理人中，吴士宏被尊为“打工皇后”。正是这种不安于现状、主动进取的精神，成就了吴士宏事业上的辉煌。**

吴士宏的成功让我们看到，一个人要想成功，就要有主动进取的精神，永远不懈追求！如果你总是一味地等待机会，不主动努力，又有谁会为你提供机会呢？即使你当初有着过人的本领，有着专业的技能，在主动进取者的面前，这一切都将成为“浮云”。

成功的机会总是属于那些积极主动的人，因为当你能提供更多价值的服务时，成功也会伴随而来。能够招聘到“主动进取型”的员工，是老板们的共同心声。具有这种精神的员工，是企业进步不可或缺的支柱。没有老板会欣赏那些被动的员工，因为这样的员工只会本本分分、按部就班地工作，不会积极主动地为自己“升值”，拓宽自己的能力范围，因而只能平平庸庸。

在职场上，你是等不来任何东西的。等待之中，主动会慢慢地变成被动。要想让自己变得优秀起来，你必须有这种意识：我是为我自己活着，只有我最在乎自己，我要把命运掌握在自己手中，而不是寄希望于他人给我什么。所以我在公司工作，就要做出最大贡献，争取最大利益。

怎样做到这一点呢？

首先，你要行动起来。不断磨炼自己，不断让自己储备更多的专业知识，为自己的晋升储备能量，当机遇来临时，要当仁不让。

其次，尝试自己去解决问题。问题不会因为你的等待而消失，主动去解决困难，你就能赢取更多人的信任，如果工作出了问题试图让老板或他人给你处理问题，那么你将失却他人的信任，在他人的眼里，你将一无是处。因此，要做一个可以解决问题的员工，只有当问题解决了，你才能迎接新的契机，才能让老板对你青睐有加。

最后，把每一个问题、困难当成一次锻炼的机会，而不是遇到困难为自己找借口。机遇总是乔装成“困难”的样子，你只要能解决困难，就能抓住机遇；解决问题的过程就是学习经验的过程。借口会磨平人的意志，让人失去战斗的勇气和力量，随之而来就是拖延和等待。因此，当你在解决问题的过程中遇到困难无法前行，千万不要为自己找各种借口，须知，找到借口的瞬间,你就与成功失之交臂了。

工作没有等待,等待就是失败。要想摆脱失败,你必须牢牢把握住主动权,要有进取的精神和居安思危的发展眼光,它可以让人摆脱安逸生活的羁绊,永远不懈进取,而这种精神必定能够为你带来极大的收获。

## 6. 失去主动权,就会失去成功的希望

职场上,每一项任务都有一个终极期限。本来做好一项工作,原本有着充足的时间,可是工作过程中,有些人总是在不停地重复着"有空再做""明天做""以后做""等等再说"这些话,上班时间明明知道自己还有很多事没有做完,却仍然在 MSN 或 QQ 上孜孜不倦地跟朋友闲聊;明知马上要交策划方案,却还在玩网络游戏、给博客贴照片、在各大论坛看帖子;本来今天可以完成的工作,一定要拖到第二天……

结果,大把的时间从不经意间流逝了,充足的时间变得紧促起来,到最后一切都变得被动起来,工作一被动,心态就发生了改变,做事马虎、投机取巧、应付差事等等,各种问题接二连三地出现了,工作任务最终的结果可想而知。

小李是公司的秘书,每天都有很多事情等着她去处理。在这些事情中,有简单的有复杂的,小李总是先处理一些简单的事情,一些复杂的事情尽量往后拖,到了实在是必须去完成的时候,她才去做。好在她办事的能力强,至少在工作中没有出什么大错。

有一次,经理让小李处理一个客户的退货问题。退货要走

好多流程，小李觉得麻烦，就把这件事搁在了一边。结果，小李把这件事彻底地给忘记了。几天后，客户等不及，认为到了最后期限，小李所在的公司仍然没有给予积极的答复，就把这件事告知了媒体。媒体一曝光，麻烦大了，公司很是被动。经理十分生气，把小李找来批评了一通，并将其辞退了。

有些事在我们的眼里或许算不了什么，或者当初看起来十分简单，如果我们能立即行动，一定会做得很好。可是，就是因为我们有拖拖拉拉的坏习惯，轻视那看似简单的事情，以为无伤大局，结果，当我们错失了最好的办事时机时，一切都变得不那么简单了。要想再去做好同样的一件事，难上加难。可见，拖沓对己对人都没有好处。不能按时完成任务，不仅会使个人信誉受损，亦会令上级、同事怀疑你的能力，影响你的职场前途。

我们都知道职场处处充满着竞争，要想在竞争中脱颖而出，靠的就是完成一件又一件的工作任务，而在完成工作任务的过程中，造就了两种不同的员工——主动和被动，成功和失败。

王亚在一家大型建筑公司任预算员，常常要跑工地，看现场，还要为不同的老板修改工程预算方案，工作非常辛苦，报酬也不高，但她仍主动地去做，毫无怨言。

王亚虽然是预算部唯一一名女性，但她从不因此喊冤叫屈，逃避强体力的工作。该爬楼梯时就爬，该到工地上去查看就毫不迟疑地前往，该去地下车库也是二话不说。她从不感到委屈，反而非常热爱自己的工作。

有一天，老板安排她为一名客户做一个预算方案，时间只有两天。这是一件原本难以做好的事情。接到任务后，王亚就立即开始工作。两天时间里，她跑建材市场，调查各种原材料的价格，又四处查询资料，虚心向前辈或同事请教。

两天后，王亚就把一份完美的预算方案交给了老板，她也因此得到了老板的肯定。因做事积极主动、工作认真，现在王亚已经成为公司预算部门的主管。老板不但提升了她，还将她的薪水翻了两倍。

后来，老板告诉王亚："我知道给你的时间很紧，但我们必须尽快把预算方案做出来。如果当初你不主动去完成这项工作，我也许会把你辞掉。你表现得非常出色，我最欣赏你这种工作认真、积极主动的人！"

掌握主动权的人更容易成功。遗憾的是，在公司里，竟然有许多人根本不知道被老板重用是建立在主动执行、自动自发完成工作的基础上的。要知道，如果你不积极主动地完成你的工作，你在老板心里永远不会占有一席之地。谁要是忽视了这一点，谁就永远与成功无缘。

其实，做任何事情时，我们最初都掌握着主动权，本来可以对事情的整个流程进行计划、安排，如果照着计划执行的话，我们可以取得预期的成功，即使中途会出现一些不可知或无法预测的事情，由于我们的计划周密，按部就班地去完成，也不至于慌了手脚，如此一来成功的概率还是很高的。可是，由于畏惧、拖延、懒散等各种各样的原因，我们最终失去了主动权。当主动权失去时，我们就会被所做的事情牵着鼻子走，前途一片茫然，可想而知结果又怎么会光明呢？

因此，失去了主动权，就意味着你失去了成功的机会。要想保持成功的希望，我们必须将主动权牢牢地握在自己的手中。切不可在工作中说"有空再做""明天做""以后做""等等再说"这些话，立即行动起来，摒弃拖沓的坏习惯。

# 第七章

# 挑战困难,莫让困难在等待中积成大山

职场中,困难如草,随处可见。也许拔掉一棵草并不会太难,但在很多时候,那些困难之草顽强的生命力令人咂舌:它们太顽强了。消灭一个困难,又来一个困难;消灭两个困难,再来一堆困难。有很多人面对众多困难,或者是难以解决的困难,往往采取了等待观望的方式。他们以为,在等待中,困难之草也许会进入冬季,枯萎凋零。不可能!等待,只会让困难爬进我们背上的行囊,越来越多。当困难在我们背上积成大山的时候,我们将无法呼吸。记得:解决困难的唯一方法,就是走上前去,挑战困难。

# 1. 工作中困难在所难免

成功具有很强的诱惑力，人人都渴望成功，但没有人能随随便便成功。成功的道路上“潜伏”着各种各样的困难，只有迈过困难的人才能取得最后的成功。

随着中国市场经济的发展，在经济大环境下，机遇越来越多，成功似乎没有以前那么困难了，在我们的周围，每天都在上演着一夜暴富的神话。然而，当我们过个两三年再回首时，那些曾经的所谓成功者又有多少依然风光？他们中有的人就像流星一样一闪即逝。这就是市场经济发展的必然趋势，也符合困难面前“优胜劣汰，适者生存”的普遍规律。同时，他们用事实告诉世人：这个世界是残酷的，每个人都无法逃避困难，他们的成功都是建立在战胜困难的基础之上的。

让我们看看民营企业家代表史玉柱的人生轨迹，也许更能说明问题。

1989年1月，史玉柱毕业于深圳大学研究生院。当年夏天，他怀揣着独立开发的汉卡软件和“M－6401桌面排版印刷系统”软盘，南下深圳。

由于受到当时深圳大学一位在科贸公司兼职的老师的器重，史玉柱得以承包了一个电脑部。当时，除了一张营业执照和4000元钱，史玉柱一无所有。为了买到当时深圳最便宜的电脑，他以加价1000元为条件，从电脑商那里获得推迟付款半个月的“优惠”，赊账得到了平生第一台电脑。

为了推广产品，史玉柱用同样的办法“赊”来广告：以电脑做抵押，在《计算机世界》上以先打广告后付款的方式，连续做了3期1/4版的广告。《计算机世界》给史玉柱的付款期限只有15天，直到第13天，史玉柱才收到三张邮局汇款单。

至当年9月中旬，史玉柱的销售额就已突破10万元。他付清了所有的欠账，将余钱投向广告，4个月后，销售额突破100万元。这是史玉柱创业史上的第一桶金。

1991年，巨人公司成立。第二年，公司实现利润3500万元，公司总资产达到1亿多人民币。史玉柱本人也被罩上各种各样的光环，迎来第一个事业高峰。

成为“十大改革风云人物”之一的史玉柱决意在美丽的珠海盖一栋自己的大厦。被胜利冲昏了头的史玉柱，将一栋原本设计为18层的巨人大厦一下子拔高到70层，他意气风发地决心要盖中国第一高楼。

就是这70层高的巨人大厦，让史玉柱打造的巨人商业帝国轰然倒下。楼高70层、涉及资金12亿的巨人大厦从1994年2月动工到1996年7月，史玉柱竟未申请银行贷款，全凭自有资金支持，而这个自有资金，就来自巨人集团的生物工程和电脑软件产业。但是，以巨人集团在保健品和电脑软件方面的产业实力根本不足以支撑住70层巨人大厦的建设，当史玉柱把生产和广告促销的资金全部投入到大厦时，巨人大厦便抽干了巨人产业的全部周转资金，再加上管理不善，巨人集团迅速盛极而衰。

1997年年初，巨人大厦未按期完工。巨人集团已名存实亡，但一直未申请破产。

“瘦死的骆驼比马大”，史玉柱并没有完全倒下。1998年，史玉柱开始策划脑白金的市场推广。脑白金运用脑黄金的营销策略以星火燎原之势迅速占领全国市场，稳居保健品市场榜首。

在脑白金的开发过程中的很长一段时间里，史玉柱天天跑药店，跑农村，去跟他的未来消费者们交流。开拓无锡市场时，当地几百家药店他都跑了个遍。后来，每启动一个市场，他都是这么干的。他认为，老板冲在第一线了解情况，跟听汇报来做决策,完全是两回事。正是因为如此,才有了下面员工即使在大年三十,也仍然坚守在全国50万个商场和药店里面,别人早回家过年了,史玉柱的9000名员工还依然顶着寒风在那里一丝不苟地搞脑白金促销。

脑白金面市后,很快销售额突破10亿大关。史玉柱再次创造了市场神话。

2001年,史玉柱把脑白金卖掉了,狠狠地赚了一笔,还清了因巨人大厦所欠下的所有款项。随后,史玉柱又转做“黄金搭档”,同样取得了成功。

2004年,史玉柱开始投资做网游。11月,上海征途网络科技有限公司正式成立。截至2007年5月,《征途》同时在线的人数突破100万,成为全球第三款同时在线超过100万人的网络游戏。

2008年10月,史玉柱创办的巨人投资公司在北京人民大会堂宣布,正式开辟继保健品、银行投资、网游之后的第四战场——保健酒市场,成功推出“五粮液黄金酒”。

从几千元起家到荣登《福布斯》大陆富豪榜,顷刻间财富灰飞烟灭,沦落为负债2.5亿元的“中国首穷”,到凭脑白金“咸鱼翻身”,再到踏上网游征途成功赴美上市,史玉柱在商业界的经历堪称传奇。他的成功之路没有一帆风顺,只能用“惊心动魄”一词来形容。

可见,成功是与困难相伴的,你战胜的困难越大,你取得的成就也就越大。如果史玉柱在困难面前选择等待或者是逃避,没有成为浴火重生的“凤凰”,那么我们现在谈论的可能只是他失败的话柄。

然而,很多人却迷茫在前进的途中,缺乏面对困难的勇气,看不见照亮前路的阳光。他们面对困难时,显得无力解决,从而在痛苦的泥淖中越陷越深。因此,一个人绝对不可在遇到困难时,背过身去试图逃避或者等待。若是这样做,只会使困难加倍。相反,如果面对它毫不退缩,困难便会减半。

在人生的旅途上,遇到各种各样的困难是在所难免的。面对困难,是

想方设法战胜它，还是绕道走？勇敢者的选择只能是前者。因为只有勇敢地战胜困难，我们的人生才有意义。遇到困难就打退堂鼓，从心理因素上分析，主要是意志坚韧性不足造成的。意志是人自觉地确定目标，并支配行动去克服困难以实现预定目标的心理过程，是把动机转化为实践活动的重要保证。顽强的意志是战胜困难的锐利武器。一个有理想、有抱负的人，不管遇到什么艰难困苦，都会坚韧不拔、坚定不移地朝着既定目标迈进。因为在他们心中，只有不停地前进，才能实现自己的远大理想。

其实，困难并不可怕，往往只要坚持一下，就能战而胜之。生活中谁没有遇到过困难？我们从呱呱坠地开始，从学走路、学讲话开始，历经了无数困难，可回首看看，这些困难不都被我们克服了吗？俗话说，困难是弹簧，你弱它就强。面对困难，我们一定要鼓足勇气，坚定信心，决不轻言后退。

## 2. 别再等待，别让困难变成沉重的大山

“这件事情做起来有难度，明天再说吧。”

“等我先把简单的事做好了再去解决困难的事情吧。”

“这件事太难办了，等等看吧，看看有什么变化。”

……

我们在等待什么？难道困难会因为我们的等待而随着时间的流逝变得越来越容易吗？也许，这只是我们的一厢情愿。

困难是不会自动消失的。相反，因为我们的等待，因为时间的流逝，当我们解决困难的空间和时间变得越来越狭窄时，我们的心理、思维都会发生改变，变得对困难更加恐惧，困难也会因此变成一座沉重的大山，压在我们的心头,让我们食之无味、夜不能眠。

1984年,在东京国际马拉松邀请赛中,名不见经传的日本选手山田本一出人意料地夺得了冠军,这一结果让世人惊讶。因为山田本一是一个矮个子选手,而马拉松赛是体力和耐力的运动,只有身体素质好又有耐性的选手才有望夺冠,爆发力和速度都在其次。

两年后,意大利国际马拉松邀请赛在米兰举行,山田本一代表日本参加比赛。这一次,他又获得了冠军。他为什么一次又一次地夺冠,原因何在?

10年后,这个谜终于被解开了,山田本一在他的自传中是这么说的:每次比赛之前,我都要乘车把比赛的线路仔细地看一遍,并把沿途比较醒目的标志画下来,比如第一个标志是银行;第二个标志是一棵大树;第三个标志是一座红房子……这样一直画到赛程的终点。比赛开始后,我就以百米冲刺的速度奋力地向第一个目标冲去,等到达第一个目标后,我又以同样的速度向第二个目标冲去。四十多公里的赛程,就被我分解成这么几个小目标轻松地跑完了。起初,我并不懂这样的道理,我把我的目标定在四十多公里外终点线的那面旗帜上,结果我跑到十几公里时就疲惫不堪了,我被前面那段遥远的路程给吓倒了。

每个困难就如同一次马拉松比赛,你需要在最短的时间内解决它,如果你能像山田本一一样将困难设定为一个个的小目标,然后一点点地解决,最终战胜困难就会变成一件很轻松的事情。如果你将困难看成是一座无法攀越的大山,你每等待一刻,内心深处就会觉得困难增长一分,最后弄得疲惫不堪,只能被困难给吓倒。

困难面前别再等待,别让困难变成阻碍你成功的大山。推倒这座大山,你需要像山田本一一样制订明确的目标。一个明确的目标可以让你的工作变得有效率起来,不会让你在困难面前丧失斗志。

你可以在一张纸上罗列出想要实现的目标,记住,是目标而不是梦想。按实现的可能性一个个地列好,直到全部写好为止。在每个目标后

面标注一个计划的时间，然后再从其中挑出最有希望实现、最核心的目标，不要多，以自己能做到为标准。在最终选择出来的目标下面列出实现这个目标需要做的准备，比如时间、精力、知识等，一定要很详细。然后，找一本挂历，把实现目标的计划具体标到日期上，什么时候完成知识的积累，什么时候有精力去实现目标，都标得清清楚楚，然后就需要你去一步步地实现了。一定要时刻明确自己的目标，时刻想着实现这些目标需要做什么。

当你有了这些细小的目标后，你会发现，困难已经被你"肢解"成一个个小小的任务，原本一座又高又大的"山"瞬间变成了完全可以越过的"坎"。

接下来，行动吧，跨过那一道道的"坎"。你必须明白一个道理：再好的目标，不行动是不可能实现的，因为只有积极行动的积累，才可能造就成功，实现目标。在行动过程中，你需要把困难分解到每一天、每一小时。当然还需要合理地分配时间，不让自己陷入被划分得过于琐碎的时间当中。此外，还需要有灵活的解决困难的方法。

不要以为事情简单，就以为唾手可得，在什么事都可能发生的今天，没有100%肯定实现的情况下，绝对不能有一点儿松懈。比如一个谈判，已经进行到最后的签字阶段了，你觉得已经是没问题的事了，于是就放松了"警惕性"，结果可能是对方突然终止合作，你前面所有的努力都白费了。对一个人来说，最大的失望恐怕就是眼看着目标触手可得，可等你的手伸出去，才发现因为你的松懈让目标又离你远了，那时候的失望和后悔恐怕会让你追悔莫及。

因此，我们不能害怕困难，也不能轻视每一个困难，必须正视它们。我们要把完成困难所需要积累的时间段都标注在挂历或台历上，以一月或半年或一年为单位，自我检查，看看你的梦想实现了几个。如果实现的梦想达到了你的预定计划，那就给自己一点儿奖励；如果没有达到预定计划就好好反省一下，找到没完成的原因。

总之，困难就像大山，会在等待中一天天变大，也会在行动中一天天地缩小。你是想一脚踢开困难，还是想让困难变成大山堆积在心头，完全取决于自己。用行动战胜工作中的困难吧，只要正确对待每一个困难，不再等待，困难就不会成为你前进的绊脚石。

## 3. 别让困难积存，有一个就解决一个

都市生活中，存在着许多“月光族”。何谓“月光族”？他们挣一个月的钱，花一个月的钱，从不留存。也许他们的日子会紧巴难耐，却也优哉游哉。别着急，我们不是鼓励“月光族”，事实上，“月光族”也和我们要说的东西没有什么关联。之所以会提到“月光族”，只是因为他们“挣点儿钱，花点儿钱，从不留存”，和我们解决应对困难的方法有些类似。想想看，如果我们把“钱”换成“困难”，又会怎么样？

遇到一个困难，解决一个困难，不要积存。在生活中、职场中，我们要学会做一个解决困难的“月光族”。我们每走一步，都会遇到困难，感受到困难的威胁和敲诈。可以说，在我们的人生路上，困难处处可见。人生不如意事十之八九，困难更是如影随形。我们今天遇到一个困难，明天也许还会遇到一个困难。那么，面对一个接一个的困难，我们应该怎样做？有很多人在困难到来的时候，总是习惯于逃避，习惯于等待。他们喜欢把困难“存”起来，等到以后解决。在他们的意识中，“拖”字是解决困难的无上妙法。他们崇尚“大事拖小，小事拖了”。可是，真的能够这样吗？

我们知道，当然不能够！这是一个非常简单的加减法：我们手中有一个困难，再来一个困难，那么困难就会变成两个，再来一个就会变成三个。长久下来，我们不难想象在自己手中的是什么？那是一个由无数困难组成的炸弹，当这个炸弹爆炸的时候，就是我们人生失败的时候。所以，当遇到困难的时候，不要等待，要行动起来，想尽一切办法解决困难。遇到一个困难，就马上解决一个，做一个随时解决困难的“月光族”。只有这样，困难才不会在我们手中有“存货”，也只有这样，我们才能轻松上阵，走

向成功。

60年前，有一个叫卡纳利的美国年轻人在家里替父母经营着一个杂货店。由于位置不太好，生意一直不好。生意不好，自然赚不到什么钱，一家人生活有些艰难。他想到，必须解决这些困难，改变现状。

有一天，他对父母说："这个杂货店不能再经营下去了，既然经营了这么久也赚不到钱，我们就必须改变思路，想想别的办法。"

父母对他的想法大为赞同，却也很是担心，父亲对他说："孩子，你的想法是好的，可是你要知道，咱们全家的生活来源可都在这个店里了，一旦失败，我们将得不到生活保障。"他安慰父母说："无论做什么事，都会有失败的可能，不是吗？但我们必须得去做，必须要直面困难，不付出行动去做，又怎么知道能否成功呢？"父亲觉得他的话很有道理，就全力支持他，让他放手去做。

他家附近有几所大学，经常会有学生出来吃快餐，卡纳利觉得应该从这里着手。通过调查，他发现附近还没有人开一个比萨饼屋，如果去卖比萨一定可以。于是，他就把杂货店改成了一家比萨饼屋。为了吸引顾客，他把比萨饼屋装修得精巧温馨，十分符合学生高雅讲情调的特点。

很快，他的生意开始好了起来，不到一年的时间，他的比萨饼屋就成了附近的名吃，每天都是顾客爆满。他又开了两家分店，生意也很好。

他没有知足，他觉得，既然自己开的比萨饼店的生意这么好，那么，在别的地方也可以。有朋友劝他说："还是先好好经营这几个店吧！要知道，你现在的生意只是刚刚好起来，如果把所有的钱都投入到开别的分店上，一旦失败，你就会陷入到资金周转不灵的困境。"卡纳利虽然觉得朋友的话很有道理，却仍然执意要开分店。他对朋友说："如果惧怕失败，那么我只能永远经营这几家小店，不会有太大的成就。即便是失败了，我也会有重新来过的经验，并不会有什么损失。"

经过筹备，他马不停蹄地在俄克拉荷马又开了两家分店。正当他踌躇满志的时候，坏消息一个个传来，原来，他新开的两个分店严重亏损。刚开始的时候，他一个店里每天准备了500份比萨，结果总会有一半卖不出去。后来，他又让店员按200份准备，还是会有很多卖不出去。怎么回事，这样准备还多吗？他干脆让店员只准备50份，他想这样总可以了吧！但是这几十份所挣的钱，根本就连房租都不够付，更不用说其他费用了。

他真的失败了，并且严重亏损。这时候，如果他撤了分店，虽然严重亏损，但还可以慢慢缓过劲儿来。但是，他却不愿意放弃，他决心一定要找出失败的原因，解决困难。

他没有一刻等待，马上搬到了其中一家分店里，想要找到问题的原因。通过仔细的观察，他终于找到了问题所在。原来，虽然这两个城市的比萨饼店都开在大学附近，但两个城市的学生在饮食和趣味上存在着很大的差异。他之前从来没有考虑到这些，所以在店面的装潢和比萨的配料方面都是一样的。而这，正是造成新开店面生意不好的原因。

他迅速改正了错误，俄克拉荷马的分店生意也很快好了起来。他从来不害怕困难，每当困难来临的时候，他都会想尽一切办法解决困难。在把分店开到纽约的时候，他又遇到了问题，但是经过仔细调查，他发现比萨的硬度不合纽约人的口味。他很快组织研究新的配方，最终在纽约打开了市场。他的比萨，成为纽约人早餐的必备食品。

从第一家比萨店起，在19年的时间里，卡纳利的比萨饼店遍布美国，共计三千多家，总值超过三亿多美元。困难对于他来说，已经和家常便饭无异。他曾说过："我每到一个城市开一家新店，十之八九都会遇到困难。但我从来没有惧怕过困难，更没有想到过退缩，而是积极勇敢地面对困难，去寻找困难的根源。找到了根源，也就找到了成功的方法。"

在他的手中，困难从来没有"存货"。正是靠着这种行动精神，他悄然走向了成功。

《圣经》里有这样一段箴言："你若在患难之日胆怯，你的力量就要变

得微不足道。”世界上没有永远的冬天，自然也不会有永远无法解决的困难。那么，当困难到来的时候，我们还在等待什么？积极地行动起来，解决眼前的困难，才能接着前进。倘若我们习惯了等待，习惯了把困难放在手中，那么困难只能越来越多。拿着一本书我们不会觉得有多么重，可是10本呢，100本呢，甚至是1000本呢？我们还能拿得动吗？有很多道理，其实不需赘述，困难会越存越多，那么解决起来难度将会越来越大。

所以，不要等待，不要把眼前的困难拖到下次解决。这样的等待，带来的恶果，只能是我们被困难打败，输掉了明天。

很多人在工作中遇到了困难，也是习惯于等待。现在我们要告诉大家的是：等待解决不了问题，只会让困难像山一样堆积起来。对于这一点，我们一定要提高警惕。

## 4. 直面困难，困难不过是只纸老虎

有句俗语说得很有意思：困难就像弹簧，主要看你强不强。你强它就弱，你弱它就强。多贴切！在生活中、工作中，困难确实是这样！可以说，所有的困难，无一例外都是一些外强中干的家伙，它们就像纸老虎，看起来张牙舞爪，但实际上，却根本就不堪一击。但最关键的，是我们要敢直面困难，要敢行动起来！

很多人容易被困难吓倒，究其原因，是他们只看到了事情“困难”的一面，只停留在了事情“困难”的一面，却从来不肯直面困难，积极寻求解决之道。他们习惯了等待，似乎只要等下去，困难就会到别处“觅食”。可能吗？不太可能！有过野外生活经验的人都知道，被饥饿的狼盯上，实在是一件痛苦的事情。因为它们会死死地缠住你不放，一直到把你撕碎了为止。所以,永远不要奢望“饥饿”的困难可以在等待中自行离我们远去。等待下去,我们就只能被困难撕碎。直面困难,才是真正的解决之道。其实,当行动起来,能够直面困难的时候,我们会发现:困难,真的不过如此!

可是,如果想要在等待中解决困难,那你就错了!你的退缩,会成全纸老虎的“凶狠”,它依然会撕碎你!

刘京很幸运。他在25岁的时候继承了家族的企业,成为一家建筑公司的老总。这家公司本来经营良好,可是很不巧,遇到了金融危机,在金融危机的冲击下,公司业绩开始走向滑坡。这是从来没有过的事情,让他大感头疼。

他希望金融危机的影响能很快过去,这样公司就可以重整旗鼓。可是情况却并不像他想象的那样乐观,公司业绩依旧快速下滑,很快就到了濒临破产的边缘。正当他一筹莫展的时候,一个项目决策的失误,使得原本摇摇欲坠的公司更加雪上加霜。因为从来没有经历过什么风浪,困难的突如其来,把他压得喘不过气来。他开始慌乱,紧急召集公司高层商议对策。可是,面对各方面不同的意见,他却又不知道该听谁的了。他害怕了,开始徘徊不定,怕自己的决策如果再出问题的话,公司将会破产。他本来非常优秀和能干,可是面对这个困难,面对这个敌人,他已经乱了方寸,再也无法冷静地对待。

他开始了惶惶不可终日的等待,希望金融危机可以快些过去。可是,没有等到金融危机过去,公司已经走到了末路,只能宣告破产。

我们必须承认:在大多数时候,困难的确会让人感觉到害怕,这是不争的事实。再勇敢的猎人,独自在深山遇到一只饿狼时,也会觉得毛骨悚然。因为一个处理不好,自己可能就会葬身狼腹。可是,害怕归害怕,能不能直面困难却是另外一回事。当猎人勇敢地面对饿狼的时候,他就有可能会战胜饿狼。困难像弹簧,你强它就弱,你弱它就强,就是这么一个道理。直面困难,行动起来,饿狼在猎人眼中,就会变成小猫。

年轻人刘京是个幸运的人,但也是个不幸的人。他的不幸,来自于性

格中的懦弱和等待。当困难如山一样压来的时候，他不敢直面困难，而是选择了消极的等待。可想而知，在等待中，他的企业的出路只有一条，那就是破产。怕什么呢？等什么呢？困难不过是一只纸老虎，只要勇敢地出手，它们就会迎风而倒。

1864 年，美国南北战争结束后，一位叫马维尔的记者采访林肯。

马维尔问道："据我所知，上两届总统都曾想过废除黑奴制，《解放黑奴宣言》也早在他们那个时期就已草就，可是他们都没拿起笔签署它。请问总统先生，他们是不是想把这一伟业留下来，给您去成就英名？"

林肯回答道："可能有这意思吧！不过，如果他们知道拿起笔需要的仅仅是一点儿勇气，我想他们一定非常懊丧。"

林肯的话非常有深意，马维尔一时之间没有弄明白。遗憾的是，这段对话发生在林肯去帕特森的途中，马维尔还没来得及问下去，林肯的马车就出发了。因此，他一直都没弄明白林肯的这句话到底是什么意思。

直到 1914 年，林肯去世 50 年后，马维尔才在林肯致朋友的一封信中找到答案。在信里，林肯谈到幼年的一段经历：

"我父亲在西雅图有一处农场，上面有许多石头。正因为如此，父亲才得以用较低的价格买下它。有一天，母亲建议把上面的石头搬走。父亲说如果可以搬走的话，主人就不会卖给我们了，它们是一座座小山头，都与大山连着。"

"有一年，父亲去城里买马，母亲带我们在农场劳动。母亲说，让我们把这些碍事的东西搬走，好吗？于是我们开始挖一块块石头，不长时间，就把它们弄走了，因为它们并不是父亲想象的山头，而是一块块孤零零的石块，只要往下挖一英尺，就可以把它们晃动。"

林肯在信的末尾说，有些事情一些人之所以不去做，只是他们认为不可能。有许多不可能，只存在于人的想象之中。

读到这封信的时候，马维尔已是 76 岁的老人了。但是林肯的话,却让他醒醐灌顶,就是在这一年,他正式下决心学外语。据说,他很早就想学习汉语了,可是听说汉语难学,一直在犹豫等待。

据说,1922年,他在广州采访时,是以流利的汉语与孙中山对话的。

是的,“有许多不可能,只存在于人的想象之中”;有许多困难,看起来张牙舞爪,实际上却不堪一击。可惜,能知道这个道理的人少之又少,大多数人总是习惯于夸大困难,他们宁愿等待,也不愿意去尝试和努力。我们都知道,林肯最终遇刺身亡,他的死因关系到废除奴隶制度。上两届总统看起来异常困难的事情,在他面前只不过是一只纸老虎,他行动起来,直面了困难。马维尔曾经有过等待的经历,他想学汉语,却一直等到了76岁,受林肯信里内容的启发,他开始学习汉语。结果我们看到了,他克服了困难,学会了汉语。记得,那些看起来很大的困难,其实往往存在于我们的假想之中。

人生下来就注定要同困难打交道,或是困难吞没懦夫,或是强者征服困难。别等待,别害怕,我们就是强者。那么,在工作中,我们等待了吗?别再等待,遇到困难的时候,迎难而上,方是正途。

## 5.

## 敢于挑战,再大的困难也会被我们制服

古罗马诗人维吉尔说过:“在困难面前不屈服,而应更加勇敢地去正视它。”我们每个人,在人生的旅途中都会遇到各种困难、挫折和失败。那么,怎样去面对这些困难,则成了一个人能否成功的分水岭。行动主义者

敢于挑战，敢于主动出击，再大的困难在他们眼中也不足为惧；懦弱胆小者，则在困难面前选择了退缩等待，于是困难在他们眼中，变得像山一样高大。毫无疑问，只有那些行动主义者，才能够克服困难。

成功者和失败者的本质区别，其实就是在这里。简言之，我们想要成功，就必须行动起来，挑战困难。只有挑战困难，在百折不回的气势下勇往直前，才能够把困难踩在脚下。如果我们不行动，只是等待在高山面前仰望高山，那么想要征服困难获得成功，也就成了一句空话。

在克里米亚战争中，一枚炮弹破坏了一座花园般的城堡，却炸出了一个泉眼，汩汩清澈的泉水从中喷涌而出，以至于这里后来成为一个著名的喷泉景区。困难正是如此，它只会暂时破坏既定的成功路线，却阻不住成功梦想的泉水。只要我们敢于行动，勇于行动，莫要等待，那么困难，将不再是困难。

她是一个80后美国女孩，父母因吸毒去世，使她从小便失去了依靠，无家可归。但在残酷的命运面前，她并没有屈服，也没有幻想可以等待着困难自行解决，而是挺直了脊梁积极地面对蜂拥而至的困难。经过不懈努力，她最终创造了从流浪女孩到哈佛博士生的人生奇迹。她的名字叫做莉兹·默里。

莉兹于1980年出生在美国纽约的布朗克斯区贫民窟，她的父母曾经是嬉皮士，在糜烂的生活中又染上了毒瘾，生活无以为继，自顾不暇。作为他们的女儿，小莉兹从小就被父母忽略，并且早早地辍学。8岁那年，当别的小女孩穿着漂亮的花裙子开心地上学的时候，她却不得不沿街乞讨。

因为饿，没有饭吃。有时候，当讨不到东西吃的时候，她就会和姐姐想尽一切办法充饥，她们一起吃过冰块，也一起“分享”过一管牙膏，因为那些东西，能让她感受到吃东西的感觉。她和姐姐太饿了！

为了筹措毒资，她的父母变卖了家里所有值钱的东西，甚至还偷走了她准备过生日用的零花钱。有一年，她的母亲甚至将教会送给她和姐姐的一只火鸡卖掉去买毒品。生活的苦难对于她来说，似乎已经成了家常便饭。在生活的困难中，她度过了自己本该无忧无虑的少年岁月。直到15岁那年，父亲和母亲先后死于艾滋病，她和姐姐依然没有从困境中走出来。她们无家可归，四处流浪。

当姐姐莉莎得到帮助，每晚得以在朋友家的沙发上过夜的时候，她就只能一个人流落街头。地铁和街头的长椅成了她最常睡的床铺。她更是经常被其他流浪者欺负，受尽了人生最为辛酸的磨难。但是，她却并没有因此在困难面前屈服。她忽然想到：如果继续在等待中生活，那么自己将永远没有机会摆脱困苦，只有行动起来，向困难挑战，才能战胜困难获得新生。

她决心要改变自己的命运，而不是像父母那样放弃对人生目标的追求。

但是，想要改变自己的命运谈何容易，自己的一日三餐都还没有着落，拿什么去改变命运。困难简直是太多了，她全部都明白。但是她也明白，一旦在困难面前屈服，那么自己的一生只能在叹声中悄然度过。一定要马上行动起来，战胜困难！

17岁那年，她决定重返学校。这个决定对于一个仅念过几年小学的少女来说，是多么的困难和无助。当她穿着脏兮兮，散发着臭味的衣服到一家家学校申请入学的时候，很多人都对她投来了诧异的目光。那些目光像一根根毒刺，刺得她心里发疼，但她却依然昂首挺胸。她告诉自己，只要能再次上学，这些困难都算不了什么！

真的算不了什么，她的顽强终于打动了一所中学，被破格录取。她很快进入到一个两年可以毕业的高中加速班，开始了最为繁忙的学习。因为底子太差，她学习起来的困难是别人的几倍，甚至是十几倍。别人一看就能明白的问题，她往往要翻很多书，问很多人才能大致明白。很多人都在怀疑：在这样困难的学习环境下，她能坚持下去吗？

她当然坚持下去了，一点儿也没有屈服。她把每个早上、下

午以及晚上都选满了课，并选修了独立研究课程。每天一有空闲的时候就看书学习，如饥似渴地给自己补充“营养”。因为没有生活来源，她无法把所有的时间全部用来学习，还得打工养活自己和为自己挣得学费。即便是这样令人难以置信的困难，也没有使她在困难面前有一丝的屈服。她以常人所不能及的勇气，在这些挫折和困难面前奋力奔跑。

底子差考试不理想，她继续努力；缺衣少食，她就仍然露宿街头；没有地方看书，她就站在马路边上的路灯下学习，有时候甚至连作业，她也拿到路灯下去做。在这样的困难和挫折面前她不但没有屈服，反而付出了更多的行动。有一个道理她一直明白：倘若没有勇气去努力和拼搏，那么困难就只能是困难，永远无法解决。

在如此之多的困难和挫折面前，她仅用了两年的时间，就完成了高中四年的课程，而且每门学科的成绩都在A以上。她以全校第一的成绩考入了哈佛大学，并在哈佛大学继续她的拼搏历程。在极短的时间内，她获得了哈佛大学硕士学位，后来又获得了临床心理学博士学位。在接受媒体采访时她说：“面对困难和挫折，我经常告诉自己，我能搞定生活。”她用自己的行动，战胜了困难的欺凌。

朋友，当看到这个故事的时候，你会作何感想？如果转换一下位置，你是莉兹，你又会如何去做？你极有可能会因为困难太大，而选择了沉沦，选择了等待，抑或是选择依靠政府救济度日。那样的话，你也可以生活下去。但问题是，如果那样的话，你将永远无法摆脱困难的纠缠。看看莉兹是怎么做的？她没有等待，行动起来，向困难发起了挑战。结果，她真的把那些看起来无法解决的困难，踩在了脚下。其实很多时候就是这样，我们行动起来，那些看起来如山一样大的困难，其实真的不足为惧。

我们要知道，困难只是一个见风使舵的家伙。对于敢于勇敢面对它的人，它会很快消失得无影无踪；而对于在它面前屈服、等待的人，它会骄横跋扈,不可一世,甚至是变本加厉,让困难的事变得更加困难。我们只有比困难更“横”,立刻行动起来,才能真正地解决困难。

在工作中,会遇到困难,永远是一个无法改变的事实。面对困难的时候,很多人会选择等待,抑或是后退。后退躲避不了困难,等待也解决不了困难。越等待,困难会变得越大。我们想要解决困难,获得成功的方法只有一个,那就是:行动起来,挑战困难!

敢于挑战困难,才能够把困难踩在脚下!

你还在等待吗?

# 第八章

# 真诚相处，莫让友情在等待中冷却

友情是冬日室内一盆烧得旺旺的炭火，和朋友走在一起，我们会感觉到温暖，享受到惬意。友情是雨过天晴后初露的艳阳，明媚、和煦，让人舒服。不管我们心头是铅云沉沉、痛楚孤独，还是云淡风清、安详悠闲，都不会拒绝友情的恩泽。生活中的每一个人，都离不开友情的拂照。可是，要怎样才能永远让友谊之火熊熊燃烧？一句话：真诚相处。真诚是金，我们的真诚，朋友看得到。所以，永远不要吝啬，拿出真诚，换来友情。我们还在等什么，再等待下去，友情之火会冷却下来的。

## 1. 朋友是成事的关键

从古至今,大凡能成就大事者,都有一群热情相助的良朋益友。我们也有一些这样的朋友吗?我们必须要有这样一群朋友,因为这样的朋友,是我们成事的关键。当我们的事业到达某一程度时,仅凭个人力量显然不再有效。这个时候,我们需要朋友的扶持。俗语说得好:“一个篱笆三个桩,一个好汉三个帮。”一个人无论多么有才能,若势单力薄,也难以遂愿。只有依靠朋友,通过朋友的帮助,事情的成功率才会大大提高。

著名剧作家莎士比亚说过:“有很多良友,胜于有很多财富。朋友,就是我一笔大得无法估量的财富。”在社会上小至在职场上闯荡、办工厂、做生意,大至治国安邦,都需要朋友的帮助。三国时,刘备为什么能够在蜀称帝,随后又一手打造出三国鼎立的辉煌局面?很简单,他有一群良朋益友,他的好友关羽、张飞、诸葛亮、赵云等人,为此立下了赫赫功绩。

在家靠父母,出门靠朋友。朋友在我们每一个人生活中都占据着极其重要的位置。没有朋友的人,是世界上最为可怜的孤独者。没有人愿意孤独,所以每一个人都渴望交到最真的朋友。朋友要怎样去交?一句话:交好朋友一定要交心,要结交那些能和你同甘共苦的人做朋友。只有交到好朋友,你才可以走出孤独,走好人生之路。

友谊是人生最重要的东西,英国伟大学者达尔文说:“谈到名声、荣誉、快乐、财富这些东西,如果同友谊相比,它们都是尘土……”一个人要获得真正的友谊,并不是一件容易的事。在交朋友的环节上,无产阶级的两位导师堪称是典范。

马克思和恩格斯是好朋友。他们共同研究学问，共同领导国际工人运动，共同办报，编杂志，共同起草文件。著名的《共产党宣言》就是他们共同起草的。

马克思是共产主义理念的奠基人。他受反动政府的迫害，长期流亡在外，生活很困苦。作为朋友的恩格斯，把马克思的生活困难看作自己的困难，省吃俭用，把节省下来的钱不断寄给马克思。

1863年年初，马克思一家到了一贫如洗的地步。马克思打算让两个女儿停学，到工厂做工赚钱，自己和燕妮、小女儿搬到贫民窟去住。恩格斯得知这个消息后，连忙打电报劝阻，又迅速筹集一笔钱汇给马克思，使马克思一家暂时渡过难关。马克思在给恩格斯的信中写道："亲爱的恩格斯，你寄来的100英镑我收到了。我简直没法表达我们全家人对你的感激之情。"

《资本论》第一卷问世之后，马克思在给恩格斯的信中这样说："这件事之所以成为可能，我只能归功于你，没有你对我的牺牲精神，我绝不可能完成我那部巨著。"

碰到恩格斯需要帮助的时候，马克思同样竭尽全力，毫不犹豫。1848年11月，恩格斯逃亡到瑞士，因为走时匆忙，身边没带多少钱。马克思知道后，急忙从病床上挣扎起来，到银行将自己仅有的一点儿钱取出，全部寄给了恩格斯。

他们同住伦敦时，每天下午，恩格斯总要到马克思家里去，一起讨论各种政治事件和科学问题，一连谈上好几个小时，各抒己见，滔滔不绝，有时候还进行激烈的争论。天气晴朗的日子，他们就一起到郊外散步。后来他们住在两个地方，就经常通信，彼此交换对政治事件的意见和研究工作的成果。

他们时时刻刻设法帮助对方，为对方在事业上的成就感到骄傲。马克思答应给一家英文报纸写通讯稿时，还没有精通英文，恩格斯就帮他翻译。恩格斯从事著述的时候，马克思也往往放下自己的工作，帮助他编写其中的某些部分。

1883年，马克思逝世。这使恩格斯悲痛万分。朋友们劝恩格斯去旅行散心。但他想到马克思生前用毕生精力写作的《资本论》还没完成，就谢绝朋友们的劝说，并放下自己的研究工作，着手整理和出版《资本论》的最后两卷。他夜以继日地抄写、整理、补充、编排，几次累得生病。花了整整 11 年时间，才完成了这部伟大的著作。恩格斯说："这是我喜欢的劳动，因为这时我又和我的老朋友在一起了。"

看过这个故事，感动之余，我们还能想到什么？这就是真正的朋友，视对方的困难为自己的困难，一旦知道对方有难，会想尽一切办法来帮其解决。从这里，我们不难发现，真正的朋友，不仅仅是在物质上互相帮助，在精神上更要互相关心。可以说，他们在事业上的巨大成就，都离不开彼此的关心和支持。

革命导师列宁曾对他们的友谊做了如下评价："古老的传说中有各种非常动人的友谊的故事。欧洲无产阶级可以说，它的科学是由两位学者和战士创造的，他们的关系超过了古人关于人类友谊的一切最动人的传说。"总而言之，当一个人对友谊采取认真、投入、热诚、参与的态度后，就会有真正的友谊。诚如俄国诗人普希金所说的："不论是多情的诗句，漂亮的文章，还是闲暇的欢乐，什么都不能代替无比亲密的友情。"

人是群居动物，要想在社会上生存和发展，就必须与各种各样的人打交道，就必须多交朋友。我们要想成事，朋友起着至关重要的作用。我们的朋友有很多，包括同学、老师、同事、老乡等等。这些人不但可以为我们提供生活上的帮助，感情上的慰藉，更为我们提供了宝贵的办事资源。

黄星是某公司的办事人员，他代表公司去与某企业商谈一项合作。这项任务很有难度，因为另外还有几家公司都对这个合作项目很有兴趣，而且他们的条件更为优惠。但是黄星却自有办法，他找了他的学长——该企业主管此项目的负责人，经过一番交谈之后，两个公司很快拍板成交，确定了合作的事情。

原因不说自明，因为黄星在大学的时候与这位学长交情非同一般，在关键时候对方自然也会照顾一下这位学弟。

朋友就是人脉，朋友关系的好坏，不但体现一个人的社交能力，更是能否成事的关键。有句歌词唱得好："千金难买是朋友，朋友多了路好

走。”朋友其实就是人脉的代名词，如果拥有超强的人脉，广阔的人际关系，那将是一笔不可估量的无形资产，对于公关办事更是具有决定性的意义。

一个人才华横溢，能力超群，专业知识扎实，如果人际关系极差，想要出人头地、成就事业，不能说不会成功，但注定要艰苦得多，特别是一些需要跟人打交道的行业，要成功更是难上加难；相反，如果一个人有很好的人脉基础，拥有各行各业的朋友，人人都喜欢他，即使能力不是特别突出，他的人生之路也会比较顺畅，办事成功的概率也比较大，因为在他出现困难的时候会有很多人帮助他、支援他。

现在这个时代，依靠个人的努力，讲究英雄独行是行不通的。要想获得成功，要想成大事，就得比别人站得更高，走得更远，依靠来自朋友的力量。而真正的友谊不是只建立在口头上的，不是互相吹捧，而是真心相助，不求回报的。同样，独自一人承办大事，期间会遇重重困难，而且事情不一定成功。若竭力依靠朋友，各尽其能，疏通办事的关键环节，大事何愁不能成功！因此，我们一定要主动去结交和维护自己的朋友圈子。

那要怎样去结交和维护？好好想一想！当然，不可能是用等待！

## 2. 看看身边，你现在还认识谁

在生活和工作当中，我们的力量来自于朋友。一个人要取得成功，离不开一群支持和帮助他的朋友，这一点毋庸置疑。因此，我们要想成就一番事业，就必须得有一群值得信任、能够真诚相待的朋友。

有人说，30 岁以前，我们靠专业赚钱；而 30 岁以后，我们就得靠人脉赚钱。这话一点儿不错，一针见血地道出了人脉对于我们事业的重要性。

人脉就是身边的朋友，有了朋友，就意味着信任、帮助、信息和机遇。

朋友是宝贵的办事资源，很多时候，我们凭借着朋友的帮助，不但能轻松地把事情办好，而且还会把看似不能办的事情办成。诚如美国著名教育家、成功学家卡耐基所说："一个人的成功，只有15%是由于自身的专业技术，85%则要靠人际关系和他的社会交往能力。"社会交往能力之后的潜台词，说的就是人脉，是朋友。

再看看比尔·盖茨，他之所以能取得今天的成功，除了智慧和能力之外，还有一点，就是他善于利用朋友之间的关系。当年他还是一名中学生时，就与最好的同学一起打拼；后来创建微软公司的时候，他也是与朋友一起合作的。

其实放眼天下成功人士，他们在奋斗的过程中，哪一个不曾得到过"高含金量"朋友的支持？人生之路，谁都不会走得太太平平，正是因为有了朋友的支持，他们才度过了人生中最艰难的时期，缩短了创业的时间，走向了辉煌。对于每一个想要得到成功的人来说，"高含金量"的朋友可谓生命中的一个支点。有了这个支点，我们就可以轻松撬起不轻松的人生，让自己的生命绽放美丽之花。难怪，有人把益友称为自己的"贵人"。不过，"贵人"不是毫无机缘地就会出现，这需要我们用心去寻找，需要我们积极主动地投入和参与。贵人就在身边，关键是要用心去找，要寻找机会去结交，其实，机会就在身边。

曾经有一位年轻人，梦想着能成为一个演员。然而他形象一般，也没有特别突出的地方，因此始终得不到那些大导演的认可，尽管他为此做了很多努力，却没有一次能够被人接受。屡遭打击的年轻人心情沮丧，决定换个城市碰碰运气。

那天，他坐在去异乡的火车上，邻座的一位女士看起来身体不太舒服。他出于礼貌和同情，一路上热情地照顾着对方，等女士的身体稍有好转后，便高兴地和他攀谈起来。

女士很健谈，两个人聊得很投机，大有相见恨晚的意思，等女士要下车时，他们互留了联系方式。让他想不到的是，这次萍水相逢，居然成为他人生的转折点。

原来，这位女士是一位资深的电影人，她对这位年轻人在火

车上的表现印象深刻，回去后不久，她就邀请他参与一部电影的拍摄，自此他通过这位相识不久的朋友的帮助，开始踏进了演艺圈，并且一发不可收拾，最终成为著名的电影明星。

看看，这还是朋友的力量，可以说，朋友是我们事业发展的基础。特别是对于我们这种想要追求事业的人来说，朋友往往就意味着机遇，意味着转折。一个朋友，甚至是一个初次相识的朋友，也有可能会为我们带来意想不到的收获。

可是，在很多时候，我们总是在抱怨自己不成功，却没有好好想一想：我的人脉哪里去了？在生活中、工作中，是不是我们除了父母兄弟之外，就再也不认识别人了？如果我们还不成功？那么肯定是人脉不够。我们需要好好检讨一下自己：为什么我们会没有朋友？

造成没有朋友的原因或许很多，但是问题肯定还是出现在我们自己身上。回想一下：当发现有一个值得交往的朋友时，我们有没有主动上前，把握住这段友谊？很多人，都没有把握好这一关节，他们用等待，让太多人脉财富像水一样流走。比如：当朋友找你办事的时候，原本你可以办到，却拖来拖去。时间一久，这个朋友自然而然就会远离你。再比如：当你在与人交往的时候，你犯了错误，原本一个道歉就可以解决的问题，你却一直在等待，等到最后，两人恶交了，朋友也做不成了。其实如果细数，等待对于人脉的危害，也是数不胜数的。所以无论何时，别把等待掺进朋友之间。

人脉不是金钱，但它却是一种无形的资产，是一笔潜在的财富。没有丰富的人脉关系，我们将寸步难行。马克思说，人的本质就是社会关系的总和。你的人脉关系越丰富，你的能量也就越大。别人办不了的事情，你可能一个电话就非常漂亮地解决了；反之，你费了九牛二虎之力都解决不了的问题，别人一声招呼就轻轻松松地搞定了。原因就在于你拥有有效的、丰富的人脉关系，也就是朋友网。记住：你的人脉网，会因为等待而出现破裂。

当我们感叹自己怀才不遇时，与其抱怨，不如看看身边，你现在还认识哪些人，然后带着快乐去和他们相交，与他们成为好朋友。只有抓住身边的朋友，才有可能抓住机遇。千万别让等待给我们带来无可估量的损失。

下面就告诉你如何结交朋友：

(1)从身边人着手，莫要等待。每一个人的人脉圈子，都是首先从对身边亲人的挖掘和积累开始，然后再慢慢到老师、同学、朋友、老乡、同事，最后再突围到更大更高端的圈子。其中，因为熟悉和了解，来自身边的人脉圈子，往往也是最牢固可靠的圈子。亲戚、老乡、同学、战友、同事，都可能成为你事业发展中的“贵人”。譬如马云创建阿里巴巴，启动资金就来自于他的亲戚、学生、死党朋友，以及几个曾经跟他从杭州到北京，再从北京回杭州的老部下。因此，我们需要跟自己的亲人、朋友、同学、老师处理好关系。该联系就要联系，该聚会就聚会，不要等自己有事的时候，才想到朋友。

(2)可以通过熟人介绍，莫要等待。扩展人脉链条。根据自己的人脉发展规划，可以列出需要开发的人脉对象所在的领域，然后，就可以要求你现在的人脉支持者帮助寻找或介绍你所希望认识的人脉目标，创造机会采取行动。你行动得越及时，人脉网扩大的机会就越大。不要认为找人脉就等于是攀关系。实际上，再好的人才，不但需要有伯乐欣赏，更需要毛遂自荐。特别是在这个专业分工的时代，寻找人脉是找机会让自己帮别人解决问题，和求人帮忙是大不相同的，除非你的能力真的不够好。

(3)把领导、同事、客户等发展成朋友，莫要等待。我们还需要明白，你在一家公司工作最大的收获不只是你赚了多少钱，积累了多少经验；还包括你认识了多少人，结识了多少朋友，积累了多少人脉资源。而这些朋友，包括你的领导、同事、客户等人。这种人脉资源在你离开公司之后，还会继续发挥作用，成为你无形的资产和财富。所以，面对这些“身边人”的时候，你要从细节着手，抓住朋友，而不能等待。一句问候，一声关怀，都能帮你抓住近在身边的朋友。

(4)对接触“陌生人”保持开放的心态，莫要等待。对认识“陌生人”保持开放心态或者说喜欢人际交往，并不是要轻易相信陌生人，或者到处滥交朋友。而是能够包容和理解不同价值观的人；善于批评他人及能够接受批评；情绪稳定，有良好的自我判断和对外辨别能力。

记住：我们昨天认识多少朋友不重要，重要的是，今天我们认识了多少朋友。莫要等待，找准机会，抓住朋友。

3.

## 等待，永远得不到朋友

人生在世，不能没有朋友。所谓朋友，就是彼此友好的人，既然是彼此，那就说明朋友是以互动感情为基础的，而非单方面的一厢情愿。现实中，常常看到有的人高朋满座，而有的人却形单影只。还有的人或暗叹自己没有朋友或朋友太少，或搞不懂自己为什么没有持久的朋友。道理很简单，那就是你没有在交朋友方面掌握“主动”权。

对于我们每个人来说，朋友并非是生来就有的，也不是“等”来的，而是需要我们不断去寻找。一般来说，一个人的人脉代表了他交际能力的强弱，也预示着他人生的发展方向。因为交际能力强的人，会靠着自己的主动来交很多朋友。他能和各行各业、各种各样的人成为朋友，拉上关系，即使原来没有接触，或者接触很少的人也能很快变得熟悉起来，在他的事业遇到困难的时候，会有很多人来帮助他，使他轻松渡过难关。

汪海毕业于一所重点大学，在校期间，他是非常优秀的学生干部，因为接触的人多，加上他为人随和，所以，很多同学都成了他的好朋友。喜欢交朋友的他，总是主动帮朋友解决困难，当朋友要感谢他时，他笑着说：“朋友之间那么客气干什么，你要真过意不去，就把你身边的好朋友介绍我认识吧。我相信你我这么谈得来，你的好朋友也能和我成为朋友。”

听他这么一说，朋友们十分痛快地答应了。就这样，大学四年中，汪海的朋友圈子变得很庞大。这些朋友中，干什么行业的都有。

毕业后，汪海并不急于找工作，而是热衷于与这些朋友见面增进感情。半年后，他在朋友们的建议下，自己创业开办了一家公司，刚开始红红火火的，赚了一些钱后，他就拿自己赚来的钱，帮助其他朋友创业。

汪海后来看准了一个很好的机会，投资一个项目，把公司的资金全部投入进去，可是资金回来得很慢，资金很快就周转不开了，如果资金跟不上，那公司就彻底垮了，可汪海又实在没钱了。他的同学和朋友听说了，全部倾囊相助，有钱的出钱，有力的出力，还有几个业务能力强的同学，业余免费为他“打工”，最终帮助他渡过了难关。这个项目让汪海赚到很多钱，不但可以很快还给朋友们，公司的资产也翻了几倍。毕业不到5年时间，汪海已经成为上市公司的董事长了。

汪海能在短短5年中，就在事业上获得这么大的成功，除了他本人的能力强外，更重要的是朋友们的无私帮助。朋友们能对他慷慨相助，自然与汪海平时主动帮助朋友有很大关系。一句话，在结交朋友方面，他从来没有等待，总是能够主动上前，把握住朋友。因此，我们要想交到真正的朋友，就应该像他一样，主动一些，莫要等待。世界上有很多人获得成功，除去环境、机遇和个人能力等因素，主要是因为他们能处理好人际关系，特别是善于结交朋友。

多个朋友多条路。朋友多了，路子广了，办事情就得心应手，事半功倍；反之，则劳神费力，难上加难。可是，为什么在生活中、工作中，我们却常常感觉到真正的朋友不多？特别是当我们遇到困难时，更是找不到朋友来帮助？最主要的原因，还是因为缺乏主动性，习惯了等待。有许多人，在和朋友相处时变得很被动，有事了才联系，没事时半年也不联系一次。而在结交新朋友方面，更是消极被动，总想着“等待”好朋友找上门来。如果我们总是有这种心态的话，那么将永远得不到朋友。

社会是一张网，我们每个人只不过是其中的一个结，我们和越多的结建立了有效的联系，那么我们就越能四通八达，这张网就是我们通往成功彼岸的捷径。否则，我们就只有这么一个结，即使这个结再大，也还是孤零零的结，终究于事无补。

朋友多就是人缘好，人缘广。如果我们有广阔的人缘关系，这对我们

办事将是一笔不可估量的无形资产。因此，人缘好不只体现了我们个人社交的魅力，更是我们办事的资质魅力。按照下面的几点建议去做，我们的朋友会越来越多。

(1)如果我们想多结交一些朋友，就需要主动地了解对方的兴趣爱好。我们可以通过多种方式得到他们这些方面的信息。比如：平时相处时多观察了解，向他的朋友打听询问，或者查阅他的个人资料等。

(2)与朋友互相帮助，共同获利是基础。如果只想着从对方身上获取利益，而自己却一毛不拔，这样的交往是不可能长久的。只有极少数人才会对我们进行无私的帮助，大多数人都是基于利益才与我们交往。我们给别人什么样的帮助，才会得到别人什么样的帮助，所以办事时一定要记住一点：有付出才有收获。

(3)要把人际关系搞好，共同分享资源是十分必要的。这个资源不仅包括信息，还包括人脉。结交朋友的朋友，认识同事的同事都能扩大你的关系圈。维持人际关系也是拓展人脉的一部分。就如同打鱼还要补网，要想人际关系发挥作用，就要时时维持，使它保持新鲜和活力。

(4)人与人交往中会出现一些交际的好机会。多一些有益的朋友，会有机会转变我们的一生。“独木难支大厦”，朋友在关键时候帮我们一把，可能会直接促成事业的成功。所以，要时刻留意能结交朋友的好机会。

(5)结交朋友不仅要把握机遇，同时还要创造机遇。如果我们想和刚认识的朋友进一步发展关系，可以主动地多联系联系。人与人之间接触多了，彼此间的距离就可能接近。交际中的一条重要规则就是：找机会多和别人接触。

总而言之，朋友经不起等待。结交朋友的方法也许会有一万条，但万变不离其宗，那就是：主动向前，把握机会。

## 4. 点滴积累，才能建立良好的朋友圈子

俗话说：物以类聚，人以群分。无论在什么时候，我们会和要好的人有一个朋友圈。可是，朋友圈子的建立，却不像网络上加聊天好友一样简单，要建立良好的朋友圈子，需要我们平时的点滴积累。也就是说，想要结交更多的好朋友，并不是一天两天就能找到的，这需要靠平时的积累。

人是感情动物，当我们结交到一个新朋友时，要巩固关系，就得花费时间来慢慢培养，直到成为无话不说的"密友"为止。成为好友后，我们会不由自主地为对方介绍自己身边的朋友认识，而对方也会为我们介绍他们身边的好友认识。以此类推，接下来，我们会认识更多新的朋友……久而久之，我们的朋友会越来越多，最后形成良好的朋友圈子。

朋友圈子最忌讳的是，平时不交际，等遇到困难时再临时找朋友帮忙。倘若我们这么做了，那么一般会很难达到自己的预期，同时也很难得到朋友的真心相助。想想也是，我们平常把朋友冷落于千里之外，遇到困难时，凭什么让人鼎力相助？无论是结交朋友还是维系朋友，都需要平时的点滴积累。这就像是在银行存钱，每次少存一点儿，久而久之，也会是一笔巨款。

苏勇性格内向，不爱与人交往，虽然在这个城市里有他不少大学和高中的同学，由于平时疏于联系，他也不知道这些同学在做什么工作。

苏勇所在的公司效益不好，一个月前，他接到了公司裁员的通知。他因为一时找不到工作，闲着无事，就打算回家乡一段时间，但又怕信息不灵，耽误了找工作的机会。因此临走前，他决定请上十几个同学吃一顿饭，让他们帮着留意一下自己的工作。

不巧的是，苏勇在通知这些同学时，发现他们的手机号都换了。原来，毕业这七八年来，他几乎和这些同学完全失去了联系。

天无绝人之路，苏勇想起经常联系的高中同学小岳的电话，通过小岳，苏勇终于联系上了七八个高中和初中的同学。这几个同学在和他联系上后，十分高兴，非常痛快地答应与他这周六在饭店“聚会”。

毕竟是同学，最初的尴尬之后，大家话就多了。在饭局快结束的时候，苏勇趁机要这些同学帮忙留意一下招聘信息。

高中同学梁天当时就答应：“这个绝对没问题，我让朋友多活动活动，能帮你找份轻松活儿。”

“对，只要我们每个人留心，一定会有适合你的工作的。”其他同学向苏勇保证，都帮忙留心信息，一有什么信息立刻通知苏勇。

苏勇看到同学如此积极帮他，感动地说：“谢谢！谢谢！等我找到工作后，再请大家吃饭。”

这时，一直不说话的小岳站起来，建议苏勇回家乡开一个门面，挣些钱解决温饱，静心发挥特长，自由自在的，比再找工作强多了。此话一出，热闹的场面突然安静下来了，大家全瞪着小岳。苏勇不高兴了，心想：“小岳真不够哥们儿。”于是只将家里的联系电话告诉其他几个同学，便离开回了家乡。

苏勇回到家乡后，整天待在家里无事干，人也没了精神，只是一心惦记朋友的电话。如果有事外出，一回来就慌忙去翻看电话的来电显示，然而半点儿音讯也没等到，苏勇觉得日子越来越难挨。一个月后，小岳意外地来到苏勇家，告诉他市晚报正招聘编辑，截止日期就快到了。

苏勇应聘当上了编辑，又在酒楼请同学们吃饭庆祝。喝着喝着，梁天突然说：“晚报招聘编辑的广告我早看到了，但多年没见，而且你走时匆匆见的那一面，光顾叙旧了，也没有问你具体找什么工作，所以，我就没有联系你。”

梁天说得虽有道理，但苏勇心里不舒服，心想：“我都把电话告诉你了，那你怎么没有问问我呀！”

接下来，一个同学说："有家旅行社招人，我打了好几次电话却找不到你。"

另一个同学说："有家通讯公司招业务经理我还帮你报了名，但打几次电话也没联系上你。"

几个人越说越动听，却没注意到苏勇的脸色。这时候一直一言不发的小岳站了起来，举起酒杯说："大家都为苏勇的再就业出了不少力，我们不说这些，一起来喝酒，庆祝。"

苏勇感激地看一眼对方，暗地里用力捏捏小岳的手，说："好朋友，谢谢。"

事后，小岳对苏勇说："你也别怪大家，毕竟，你好长时间没有和大家联系了，大家对你的现状也不太了解。现在你冷不丁找人帮忙，确实有些不妥。我能帮你，是因为平时我们一直有来往，很清楚你的工作情况，所以一看到有招编辑的，立刻就想到你了。"

苏勇听后连连点头，说："嗯，现在我终于明白了，朋友圈子不是一天两天就能建立起来的，而是需要我们平时的点滴积累。以后我要像你一样，除了多和老朋友互动联系外，还要想办法结交新朋友，哪怕一个月只交一个好朋友，一年下来，也有12个了。"

我们必须明白一个简单且朴素的道理：要想多结交好朋友，不能凭一时的热情，而是需要平时的点滴积累，靠平时对彼此关系的维护，这样才能建立良好的朋友圈子。

美国前总统西奥多·罗斯福曾说："成功的第一要素是懂得如何搞好人际关系。"美国石油大王约翰·D·洛克菲勒曾说："我愿意付出比天底下得到其他本领更大的代价，来获取与人相处的本领。"因此，我们要想把朋友圈子维护好，就得在平时与人友好相处。

每一个人都希望自己能获得朋友，都希望友谊像温暖的阳光一样照耀在自己的心上。但不是每个人都能得到很多的朋友，只有那些懂得交际技巧的人才能迅速地结识更多的朋友。要建立良好的职场人际关系圈子，就要注意平时的点滴积累，下面这些简单的方式，告诉我们如何交上

朋友或者与朋友保持良好稳定的关系。

(1)积极地与陌生人谈话，你很快就会发现你与其他人有很多共同的话题和爱好。在地铁上，在公交车上都有机会与自己身边的陌生人谈谈。你会发现，他们跟自己一样，也很喜欢体育运动，同样对打折的商品情有独钟，或者会惊奇地发现，对方还和你住在同一个小区。这样，朋友关系也许就产生了。

(2)不忘老朋友。不要在有了新朋友后，就与老朋友失去联系。如果以前你们是好朋友的话，以后你们的关系会更加铁的。想办法找到他们，不忘记老朋友。可以参加一些老同学聚会，到同学录的网站上去看看，也可以通过老同学找到自己的老朋友。总之一句话，只要你真心真意，老朋友是很快就会找到的。

(3)举行一带一的聚会。举行小型的聚会，要求自己的朋友，都带上一个自己不认识的其他的朋友来参加。通过这类的活动，你的朋友圈子会很快地扩大，可以认识很多的新朋友，交上新的朋友。建议参加聚会的朋友都签到，这样你们就可以保持顺畅的联系。

(4)尝试新的活动。做一些你喜欢的事情，这样你就可能认识一些跟你有同样爱好的人们。与兴趣相同的人认识，共同的话题肯定不少，经常在一起谈论同样的东西，你们的关系也会随之升温，做朋友也就水到渠成了。

(5)填写记录卡片。经常记录在什么活动中结交的人，不要只写下名字，或者把名片收好就行了，你要写下你对他们工作最感兴趣的方面，以及他们感兴趣的东西，包括一些特别的事物。虽然没有多少细节，但需要的时候，它肯定能发挥出很大的作用。

(6)保持背后的忠诚。人际关系中，一个非常根本的原则是尽可能地让人感受到你的信任，并且以此收获信任。这需要我们做许多事，比如当着朋友的朋友面赞美而不是批评。

(7)特殊日子的祝福。小事也可以有大影响，在熟人特殊的日子送上一条短信、一封电子邮件等等，这个特殊的日子包括生日、婚礼、升职等等，当然，在别人处于困境的时候，你也不要忘记给一句几乎没有任何成本的祝福和鼓励。

(8)保持沟通和会面的渠道。与同行每个月在聚会上碰面，这种内部聚会会有不少免费的内部消息；与朋友能够保持见面和交流的渠道，你会发现感情因此不褪色，当然，当别人有信息的时候，也肯定不会忘记提供给你。

最后我们补充一点，结交朋友，贵在真诚，它是获得真正友谊不可缺少的一种优秀品质。因为只有真诚了，别人才能了解你，才能知道你是否值得结交，也只有付出真诚了，别人才能对你真诚、向你袒露自己的心扉。正如一位社交广泛的朋友所说："我在与别人交往时，绝对不会在对方面前有什么虚伪的言行，因为那种行为别人一看便知，它是一种感觉，感觉到你不真诚，谁还敢与你结交呢？你只有尊重别人，相信别人，别人才能相信你，从而与你交心。"

有些话我们讲出来了，不知道你是不是看明白了。古人说"勿以善小而不为，勿以恶小而为之"，告诫我们小善也要行，小恶也不做。那么，结交朋友，点滴小事，你是在等待，还是在进行？一个电话，一句生日祝福，一句日常问候，很难吗？一点儿也不难！可是，为什么你还不去做？为什么你还在等待？记住：朋友的心是一个容器，当装多了你的感情和关怀时，它自然而然就会走近你。

你还在等待什么？

## 5．没有行动，永远不会有人想跟你做朋友

俄国文学家车尔尼雪夫斯基说："交朋友干什么？为的是到紧要关头能有储备的代办处。"哪一个人活在世上不会碰到困难？不会遇到挫折、失败？不会发生危难？当朋友有了困难时就要伸出援助之手，尤其是当他人处于危难之中的时刻，更要去帮助。只有这样，当我们遇到困难时，

别人才会来帮助我们。其实，建立在酒肉基础和哥们儿义气上的朋友是最不可靠的友谊，只有患难相济的朋友才是真正的朋友。

因此，真正的朋友不是在口头上的，要在行动上互相帮助。

结交朋友，需要我们付诸行动，只有当我们对朋友付出真情时，才会得到朋友的真情。一个在朋友面前只会说而不行动的人，永远不会有人想跟他做朋友。

英国大诗人莎士比亚说："朋友间必须是患难相济，那才能说得上是真正的友谊。"患难相济的真正意义，体现在行动上。当我们真真切切为朋友付出的时候，朋友都看得到。可是，在现实生活中不乏这样的人：当昔日的朋友失意、落难时，不是近之、帮之，而是躲之、远之、等待。这样的人，想要得到真正的友谊吗？很难！

每个人都会有失意、危难的时候，若在我们最需要的时候伸出援助之手，甚至不顾自己的利益得失也恪尽朋友之责，那么，这样的朋友才是真正值得交往的朋友。将心比心，我们需要朋友如此的帮助，那么当朋友遇到困难抑或危难的时候，我们也理所当然应该行动起来，去帮助他们。只有这样，他们才会愿意跟我们做真正的好朋友。

刘昌的女儿不幸得了肾病，为给女儿看病，刘昌虽然已经倾其所有，可仍然没有筹到巨额的医药费，在刘昌一家人看来，这医药费就像个无底洞般永远也填不满。就在他们一家人为了药费的事情而一筹莫展时，周围的朋友向他伸出了援助之手。

原来，刘昌女儿生病的事情，被一个朋友知道了。他立刻召集了刘昌所有的朋友商量，于是有朋友提议为其捐款时，很快得到了大家的赞成。于是，你一百我五十，一份份爱心纷至沓来，短短的一周就为刘昌的女儿捐够了看病的钱。当刘昌接过朋友们筹的钱时，他和家人感动不已。他让家人把每个捐钱朋友的名字以及数额记下来，并坚决地表示：这钱一定会还的。

但是朋友们却说："朋友之间，再提还钱就见外了，再说了，平时你也给了我们不少帮助，这是钱不能买来的。"

刘昌是个热心人，平时哪位朋友遇到困难了，他都会想尽一切办法来帮助对方。哪怕是在大街上碰到素不相识的人，只要对方有难，他在了解情况后，就会毫不犹豫地帮助。就这样，他靠着一颗热情助人的心和积极的行动，把周围的人都变成了自己的好朋友。他的朋友圈子极为广泛，也极为庞大。热心肠的他，俨然是朋友圈子里起着模范作用的“大哥”，谁有困难了，只要找他，他二话不说。

友谊就是如此，以彼心换此心，正是因为刘昌昔日对友情积极地投资，才让他在遇到困难时，朋友也对他慷慨相助了。

伟大的物理学家爱因斯坦也说：“世间最美好的东西，莫过于有几个有头脑的、心地都很善良正直的朋友。”我们要想让自己在危难时得到朋友的帮助，就得广交朋友。而结交朋友，就必须赢得朋友的真心。我们要想赢得朋友的真心，必须先付出自己的真心，这种真心不是用嘴说，而是一定要付诸行动。朋友有难时，我们要做雪中送炭的热“炭”，让朋友真正感到温暖。只有这样，朋友也才愿意在我们需要帮助时，来化解我们的危急。

古人云：“近朱者赤，近墨者黑。”这个道理古今贯通。人的一生如果交上好的朋友，不仅可以得到情感上的慰藉，而且朋友之间可以互相砥砺，相互激发，成为事业的基石。朋友之间，无论在志趣上，还是在品德上、事业上，总是互相影响的。我们观察一个人一生的道德与事业，都不可避免地受到身边人的影响。从这个意义上可以说选择朋友就是选择命运，明白了这个道理，立即着手做以下的事：

(1)朋友可以是同性的，也可以是异性的。对异性朋友，一定要学会尊重，要大方得体，要注意友谊与爱情之间的区别，当自己的异性朋友有了恋人或家庭之后，更要注意自己的言行，以避免不必要的麻烦。

(2)朋友可以是普通人，也可以是领导。既是朋友就没有高低贵贱之分，若有，那就是势利眼，所以即便是地位很高的领导，也不必屈膝巴结，阿谀奉承。如果和对方不能平视，那就不是真正的朋友。

(3)朋友可以是兴趣爱好一致的，也可以是不一致的。关键是在做人问题上是不是有共同的特征。若是一个疾恶如仇，一个满脑子的坏主意，那么这两个人无论如何是交不了朋友的。

(4)可信任的朋友。彼此情感真挚，可以互相信赖。

(5)能交心的朋友。这类朋友之间有相同的理想和爱好，可以互相激励、互相帮助，为了达到共同的理想，可以携手合作、共同前进。

(6)真正的知己朋友。彼此之间绝对信任，悲欢与共、祸福互享。

那么，亲爱的朋友，从现在起，你开始行动了吗？

## 6．不要等到着急时才想起自己的朋友

对于每个人来说，朋友是我们一生当中最值得珍惜的人。朋友是在我们开心时陪我们开心的人；是在我们痛苦忧伤时，可以依靠的人；是在给我们帮助后，不用说“谢谢”的人；是在惊扰他们之后，不用心怀愧疚的人；是对我们从不苛求的人；是我们从不用提防的人；是我们失意时，哪怕最落魄之时，也不会对我们另眼相看的人；是在我们步步高升时仍然对我们称呼从不改变的人。这就是朋友，带给我们欢笑，带给我们帮助，带给我们力量。正如一首歌所唱：“朋友一生一起走，那些日子不再有，一句话，一辈子，一生情，一杯酒。”真正的朋友，会如同陈年的老酒，历久弥香。

因此，我们要学会经营和呵护自己的友情，不能等到着急时才想起自己的朋友。道理很简单，如果平时不培养感情，关键时刻就不知道自己要找谁帮忙了。古人说“书到用时方恨少”，那么，我们难道也要在着急时，再觉得朋友少了吗？当然不能！等到着急时才想起自己的朋友，那朋友是否能够想起我们，可就很难说了。

所以，就算工作再忙再累，我们都要记得自己的朋友。在身边的时候，就多走动走动；不在身边的时候，就多打电话联系联系。莫要等待，莫要让友情在等待中如水分一样慢慢蒸发，而是要让友情如火一样，越烧越旺。

看过《大长今》的人都不会忘记那个笑得有点儿傻傻的，但为人善良单纯的连生。和长今相比，连生是胆小怯懦的，她没有长今那么“宏伟”的梦想，她只希望能一直都平平安安的。可当长今遇到麻烦的时候，连生再害怕也会鼓起勇气做长今的第一支持者。

无论是小时候陪长今悄悄去御膳房找那个笔记，而遭到责罚；还是长大之后，利用自己的权力安排中宗和长今见面，自己却差点儿因为早产而丧命。看似怯弱的连生用自己的方式表达对长今的友谊，因为她知道长今对她也很好，尽自己所能帮她，还保住了她们母子平安。

长今最知心的朋友是连生，连生也一样，所以她在知道长今失去味觉，却没有告诉她的时候，埋怨长今不告诉她，而长今这么做是不想让这个好朋友为自己担心。

长今和连生之所以能成为一生的好朋友，是因为她们靠着平时的真诚交往作为基础，相互理解，相互包容，相互为对方着想，急对方所急。当然，她们同样能够在关键时刻出现在对方面前，帮助对方化解危急。她们没有等到着急时才想起朋友，而是一直记得自己的朋友，用文火慢慢煎熬，炖出了一生的友谊。

朋友之间的沟通是很必要的。不要只在自己着急的时候，才想起朋友。如果我们的感情没有到一定的境界，是不能实现那种水平的，而那种程度就是要靠日积月累才能达到的。要想建立良好的人际网，就得多从细节着手，平时用自己的真心来关心自己的朋友。因此，平时的沟通和交流是非常有必要的。

真正的朋友，不管是一见如故，还是朝夕相处，都需要在平时培养感情，只有用心培养和增进感情，我们才能交到更多、更好的朋友，并保持友情的永恒。那么，我们平时如何做，才能培养朋友之间的感情呢？

我们要学会感情投资。对于好结交朋友的人来说，只要肯用感情投资，以情动人，以情感人，就能抓住人心，就能得到人心，就会拥有众多的

朋友。感情投资是用心、用真诚去投资的，而不是随心所欲地投资或滥投资，在感情投资中应该注意以下两点：

一是感情投资要遵循“言必信，行必果”的原则，这是树立自身诚信、完美形象的关键。任何人交朋友都怕遇到一个言行不一致，不讲信用的人，如果我们常常失信于人，那么无论你感情投资再多再深，人家也不会相信你是发自内心的，还会对你持怀疑态度和产生戒备心理，慢慢地就会失去人心。

二是感情投资需要持之以恒，切忌短期行为。有一些人交朋友带着“急功近利”的色彩，一种人喜欢结交有权有钱的人，觉得他们是对自己有用的人，主动进行感情投资；另一种人是当自己需要得到别人的帮助时，采取现用现交的方式进行感情投资。还有一种人是把感情投资到将来有可能对自己有利的人身上，当经历一段时间发现希望渺茫时，就停止感情投资。这三种人永远也不会找到真正的朋友。

对待朋友，我们要诚实相待。所谓诚实相待，就是需要我们用一颗公平、公正和真诚的心来与朋友相处。心里有什么就说什么，不能藏着掖着，真正的朋友不会因你的直爽和坦言，来伤及彼此之间的感情。正因为感情深，彼此之间才会以诚相待，有一说一，有二说二，绝不会因为讨好对方，而把黑的说成白的。因此，当你发现朋友的言行是错误的，你不能赞成或是迁就他，而是要大胆地批评指正，要用正直的言行对待所有的朋友，朋友或许开始理解不了，但事后会明白你的好意的，最终还是会认为你是仗义执言的人，与你交往会少走弯路，少犯错，就可能成为无话不谈的挚友。

当然，还要注重细节。细节决定成败，交朋友也是如此。很多人认为大家已是朋友了，彼此之间没有什么说道，不必太在意小事，其实并不然，特别是在同性朋友之间，注重小事细节更为重要。如果朋友总是请你吃饭，而你总是充当食客；如果在牌桌上，觉得大家都是朋友没关系，经常性地输钱不给，朋友心里一定不痛快，以后的牌桌自然要少了你，要知道亲兄弟还得明算账，朋友要的并不是钱，而是不想当傻瓜……总而言之，与朋友相处，万不能以自己为圆心画弧，不论你多有钱，不论你官多大，朋友面前人人平等，切不可因事小而不屑一顾或不情愿去做。朋友之间，哪有那么多惊天动地的大事，去考验彼此感情的深浅，总是通过一些小事折射出朋友的品质，总是从细节上衡量和评判朋友的感情厚薄。小事是大事的基石，经常用友爱的毛毛细雨滋润朋友的心田，友情才会生机勃勃，永恒不变。

还要把自己与朋友联系在一起，荣辱与共。人生的路上不仅有鲜花，也有棘荆；有坦途，也有坎坷；有成功，也有失败；有财富，也有贫穷。朋友应该是有快乐共同分享，有痛苦与之分担的人。当朋友得意时，要发自内心地与其举杯共庆，分享他的成功和快乐，使自己成为朋友脸上的一掬笑容；当朋友忧愁苦闷时，要耐心地倾听他的诉说，分担他的不幸和痛苦，使自己成为朋友眼里的一朵泪花；当朋友举棋不定时，要主动地帮他出谋划策，帮他走出徘徊之境，使自己成为朋友的参谋；当朋友遇到困难时，要热情地伸手相助，尽自己的力量奉献爱心，使自己成为朋友的亲人；当朋友意志消沉时，要积极地为其鼓舞斗志，令其重新振作精神，使自己成为朋友的坚强后盾。

朋友如花，我们要学会细心呵护，千万不要等到花儿谢了，才去追悔莫及。那样的话，我们将会失去生活中、工作中最宝贵的人生财富。

珍惜朋友，莫要等待。记住：朋友在我们工作中所起的作用，永远是无法估量的。莫因等待，让自己失去了朋友，失去了构建事业大厦的根基。

# 第九章

# 切莫等待，否则你的梦想将会成为幻想

每一个人，都有着属于自己的梦想。每一个人的梦想，都是伟大的、幸福的、遥远的。梦想，是我们一直想去的地方，它站在我们的前方，闪闪发光。那么，我们怎么才能实现梦想？一千个人，有一千种做法，但是无论如何，我们不能等待。我们可以慢慢走向梦想，也可以飞快地奔向梦想，可是一旦停止了前进的脚步，梦想就只能变成幻想，永远遥不可及。不要再等待了，你应该及时行动起来。

# 1. 你还在等待吗

在今天的社会里，那些生存、成长条件较好的人，真让人羡慕。那些“将门虎子”与“大家闺秀”们，在起点上就赢了我们这样的草根一族。当他们因为父辈的福荫，早早成为大公司的掌舵人时，我们也许还在一家小公司里拼命地努力。或许，他们那些优越的生存条件，我们用毕生的努力都无法实现。但是请记住：用行动，用努力，我们照样可以收获自己的人生梦想。

美国本土第一位哲学家和心理学家威廉·詹姆士曾经说过：“种下一种行动，收获一种习惯；种下一种习惯，收获一种性格；种下一种性格，收获一种命运。”可以说，行动与我们的命运息息相关。但是在很多时候，我们却总是忘记了行动，而是青睐于行动的敌人——等待。这点不难理解，相较于行动，等待似乎让我们时间更“充裕”，做起事情来似乎也更“轻松”。举个例子：上战场的时候，士兵们都愿意多等待一会儿，因为他们认为，多等待一会儿，可能就会错过致命的子弹。事实上，是这样吗？不见得！或许因为等待，他们会错过最佳战机。但是纵然如此，这样的等待心理，却依然根深蒂固于很多人的心里。

“等一等，或许会更好！”

“等一会儿，或许会有更好的机会！”

“等等看，说不定问题能自己解决！”

你曾经有过这样的心理吗？你现在还在等待，还在期望能在等待中解决问题吗？如果你还在等待中，那么请先来看看一头驴子的故事：

院子里，拴着一头驴子。这一天，主人很是大方，在它的左右两边各放了一堆青草。看着两堆美味可口的青草，驴子犯难了：两堆草看起来都是如此鲜美，那么要先吃哪一堆呢？它犹豫了，站在两堆青草之间，左凝右望，犹豫半天，等待了半天，却始终不曾下口。它想等自己想个好办法，可以很好地解决这个问题。

可是，还没有等它想好办法，却从外面来了一群牛，把两边的草堆围了个水泄不通。只一会儿工夫，牛群就把青草吃得干干净净，那头可怜的驴子，什么也没有吃到。

很多事情就是如此，如果你总是犹豫等待，那么就极有可能会像那头驴子一样，一无所获。这样的道理看起来极为浅显，但是在生活中、工作中，却恰恰会有很多人，在等待中失去了机会，走向了失败。所以，如果你现在还在等待的话，不妨问问自己：我真的要做那头驴子吗？

其实，做不做那头驴子，完全取决于我们自己。可不是吗，我们在等待着没有前进的时候，是谁让我们这样做的？是我们自己。在很多时候，我们最大的敌人，并不是来自外部的任何人或物，而是自己。因此，只要我们能够战胜自己，一切也就随之被征服了。我们要明白：上帝不会给一个人太多的机会，如果在等待中失去了机会，那就只能无奈地接受失败。

在不断奋斗的人生路上，我们总能发现一部分人失败了，而另一部分人却走向了成功。这究竟是什么原因？如果我们能够细心观察，就会发现：失败的人，也许会有很多失败的原因；但是成功的人，却没有一个人的成功是等待来的。那些成功的人，总是能够积极有效地采取行动，在行动中实现了自己的梦想。

兰帕德这一辈子最大的愿望，就是当一名作家。事实上，他也有能力当作家，因为从小他就有着不错的写作天赋。他相信，只要自己肯努力，30 岁之前就一定可以成为一个全国知名的作家。

但遗憾的是，他后来迷上了买彩票。他习惯于一天到晚对着一大堆数字研究来研究去，乐此不疲，完全忘记了自己还想要写作。就这样，他最终把写作给耽误了。

时光荏苒，庸庸碌碌地过完了几十年后，他开始走向老年。在他52岁的时候，有一天，他的一个中学同学来看望他，并把自己写的第13本书送给了他。那时候，他的那个同学，已经是全国知名作家了。在接过书的那一刻，他懊悔极了，他痛恨自己没有去写作。痛恨自己庸庸碌碌地过完了几十年，却没有实现自己的梦想。他下定了决心，要重新提笔，去实现自己昔日的梦想。

可是，他转念一想，自己的年龄大了，身体又不好，还能写出什么来呢？

于是，他又一次放弃了自己的作家梦。

65岁那年，他得了重病，生命垂危。躺在病床上，他再一次想起了自己的作家梦。夜晚一个人的时候，他会深深后悔在52岁那年没有开始写作。他想，如果写13年，自己一定可以写出许多作品了。可是现在呢？13年的时光，又在等待中白白浪费，眼看着自己到了65岁。那么，生命留给自己的时间还能有多少呢？

在叹息中，他又一次藏起自己的梦想。

73岁那年，他的老同学再次给他送来一本自己刚写的书。这个时候，老同学已经是全世界知名的作家了，是国人的骄傲。看着老同学意气风发的脸，他满心苦涩。想起自己的作家梦，他再度懊悔不已。

可是，懊悔之余，他又安慰自己：一个七十多岁的老人，离死亡还有多远呢？自责中，他继续重复以往的生活。虽然夜里睡觉的时候，他总会梦到自己成了作家。可是，当天亮醒来的时候，他又会习惯了拖延，习惯了等待。他不知道自己在等待什么，可是一想到要写作的时候，却总会找出一大堆理由。

84岁那年，他再次病重，他为自己不曾写下任何作品而深感痛苦。在牧师霍华德的鼓励下，他终于提起了笔，开始写作。接下来的3个月里，他不停地写啊写，直到去世。

可是，去世时，他的第一本书，仅仅完成了一半。

看到这个故事，你在感觉遗憾的同时，还想到了什么？兰帕德的一生，可以说是可悲的一生。他空怀梦想，却一任自己在等待和懊悔中蹉跎岁月。他想过写作，想过行动，可是到最后，除了一声叹息之外，却根本没有任何付出。对于梦想，他一生中做过最对的一件事，就是在临终前开始了写作。虽然只完成了半本书，可是他依然行动起来了。只是，这半本书，却更加深了他人生的悲剧色彩。倘若没有等待，倘若有了梦想，马上采取行动的话，那么他也许会真的成为一名作家。就算在五十多岁的时候，他开始写作，也不算晚，也不会将遗憾留至生命的尽头。是等待，让他的一生都在懊悔和叹息中度过。

戴尔公司的总裁迈克尔·戴尔曾这样说："如果你认为自己的主意很好，就立即去试一试。"所以，每个有志的人都永远不要说"再等一等"，或者"为时已晚"这样的词。我们要记住，只要把眼前的想法及时地付诸实践，那么一切皆有可能。

当我们凝神观望自己的梦想时，要记得问问自己：我行动了吗？

那么，在梦想面前，你还在等待吗？

## 2. 你到底在等待什么

生活中、工作中，很多人都习惯于等待，可是到底在等待什么，他们却并未认真考虑。那么，现在我们来分析一下，他们到底在等待什么。而我们，又在等待什么？

我们到底在等待什么？在工作中，上司交给我们一个任务，我们却说："好的，等一会儿再做！"事实上，这个时候，我们手头上并没有别的工作，却还是选择了等待。那么，我们在等什么呢？最大的可能，是因为我们懒惰，习惯了拖延。这个时候，我们其实什么也没有等，只是因为拖延的毛病。

一个机会突然出现在了我们面前，我们犹豫了，又开始了等待。那么，我们又在等待什么呢？我们在等待着上帝给我们一个启示，好让自己做出抉择，要不要抓住这个机会。因为我们知道，机会永远是风险的孪生兄弟，机会来了，风险也来了。我们心中胆怯害怕，所以在等待。

谈恋爱的时候，我们也总是在等待。这个时候又等待什么呢？我们在等待着对方向自己表白，我们总以为，自己很优秀，对方肯定会爱上自己。于是我们等待，等待着对方向我们吐露心事。对方没有表白，我们就一直等待下去。

……

事实上，生活中、工作中，这样的等待，我们经历了很多。尤其是在职场中，我们的等待更是数不胜数。你有过这样的等待吗？可是朋友，问问自己，在这样的等待中，你得到了什么？工作中你等待了，拖延了，惹得上司震怒，可是工作是不是还得你做？是的！在很多时候，你的人生必须要经过的一段路，无论如何拖延如何等待，你都必须要走过去。当机会出现在你面前的时候，你犹豫了等待了，你在等待着上帝给自己一个启示，好让自己做出一个抉择。可是，你真的等待到了吗？没有！任何人都不可能会给你启示，包括上帝。你要想抓住机会，就必须拿出勇气，拿出行动。还有谈恋爱的时候，如果一味地等待，那么深爱你的人，就可能会走到别人身边。这些，都是因为等待。在很多时候，等待不一定会等来你想要的结果。相反，你可能会因为等待，而失去了很多东西。

这是发生在美国的一个故事：那一年，在马路上发生了一起车祸。由于刹车失灵，两辆汽车追尾，撞在了一起。两辆车上各有一个十几岁的孩子，前面车上是一个男孩，后面车上是一个女孩。巧的是，他们都是去同一个地方参加钢琴比赛。两个原本应该是赛场上的竞争对手，以这种奇特的方式会面了。

只不过，他们真正见面认识的时间，是在医院里。由于抢救及时，两个孩子都逃离了死神的魔爪。

女孩子清醒之后，发现自己的左手毫无知觉，形同虚设。对于一个弹钢琴的人来说，一双手就是她的生命。她急忙让家人喊来主治医生问："大夫，我的左手有治好的希望吗?"

主治医生看着她急切的面容，只好微笑着点点头。女孩十分高兴，全力配合医生治疗。然而，时间一天天过去，半年多了，她那只手依然如故。

她忍不住再次询问："大夫，我的手到底有没有救?"

面对一位可爱的孩子，医生不忍心欺骗这样一颗天真善良的心，然而又不敢让她失望。他只好对女孩说："不能说没有希望了，但困难很大，除非……"

"除非什么?"

"除非有奇迹发生!"

"奇迹? 会的，我会让奇迹发生的!"少女坚定地说。别人不明白，但她自己心里很清楚。她知道自己的梦想还没实现，自己要考音乐学院，自己要做一名钢琴家。所以，她下定决心，一定要做那个让奇迹发生的人。

从此，她积极开始了自己的康复计划。她遍访名医，扎针灸，喝各种难喝的药，天天揉捏锻炼左手，并坚持用另一只手练琴。看着女儿如此，她的父母大受感动。他们鼓励女孩说："左手不行，就用右手来补；身体不行，就用意志来补，只要你努力，积极地向前走，奇迹就一定能够发生。"

3 年后，奇迹真的发生了。在女孩的坚持不懈下，她的左手开始有知觉了，能笨拙地、缓慢地在钢琴上移动了。她欣喜若狂，继续坚持用右手练琴，同时左手也参与进来。过了两年，她的左手终于能运用自如了。

10 年之后，靠着顽强的意志，她不但治好了左手，而且成了一位著名的钢琴家。

成功之后，她又回了一次那家医院，她想要感谢那个曾经给过自己鼓励的医生。是医生的一句话，让她有了努力下去的动力。同时，她还想要去看望另外一个人，那场车祸中的那个小男孩。曾经，他们差一点儿在赛场上认识，却遗憾地相识在医院。

这么多年过去了，那个小男孩始终不曾康复。巧的是，他和小女孩一样，也是手臂严重受伤，他受伤的是右手。但是，这么多年过去了，他的右手始终不曾康复。他成了一个残疾人，虽然，他还是会定期到医院做康复治疗。

两个多年的“老朋友”聚在一块儿聊天。男孩很好奇地问：“我一直很奇怪，为什么你能完全康复，还成为钢琴家，而我却变成了如今的模样。我问过医生，知道你受的伤，并不比我轻。当年医生曾经断言，咱们两个都要残废一辈子。”

女孩也不清楚，于是，她就向男孩讲起了自己的故事。听完她的故事，男孩叹了口气说：“我终于知道原因所在了。当年医生也那样告诉过我，我也曾经满怀希望。可是，妈妈对我说：你安心养伤，妈妈给你请最好的医生，他们一定能将你治好。”

“可能是因为妈妈这一番话吧！我开始了等待，我在等待着医生将我治好。这么多年了，我一直在等，却一直没有等到自己想要的结果。现在，我知道这是为什么了。因为，我只是在等待，却从来没有认真行动起来。天上从来不会掉下来奇迹，所有的奇迹，都成长于行动之中。我在等待一个希望，却同时毁了自己的希望！”

两个遭遇如此相似的人，却何以有如此截然相反的人生结局？其中原委，我们想得到，你也想得到。没错，那两个孩子，一个一直在等待着医生把自己治好，却从来不肯让自己行动起来。而另外一个，却并非如此。那个小女孩，她把“奇迹”当成了自己的梦想，积极地展开了行动，在向着梦想前进。结果，她成功了。

那个男孩，可曾想过，他在等待什么了吗？难道仅仅是在等待着医生用高超的医术将自己治好吗？不！他从来不知道自己在等待什么，也不知道自己的等待意味着什么。他其实是在等待着，命运将自己的人生画上省略号，在等待着梦想变成幻想。当功成名就的女孩出现在他的面前时，他就知道，这么多年的等待，其实是一个灰色的冷笑话。试想：如果他能够和女孩一样，积极主动地行动起来，那么结局会是如此吗？或许还会如此，但或许，他也能实现自己的人生梦想。

你还在等待吗？如果你还在等待，就好好想一想，自己到底在等待什么。用等待，你真的能得到自己想要的吗？真的未必！

## 3. 收起等待，拿出行动

《旧约》里说："懒惰的人啊，你去观察蚂蚁的动作，便可得到智慧。"观察蚂蚁可得到什么智慧？我们不妨来看一看蚂蚁：

一只蚂蚁外出觅食，找到了一只奄奄一息的肥大虫子。它的个头相较于虫子的个头，恰如老鼠之于大象。可是，就是这么一只小个子蚂蚁，却开始忙碌起来。它想要将这个虫子搬到自己的家里。

它开始积极行动起来。它咬着虫子的一条腿，拼命地向前拖，可是虫子的个子"太大"，居然纹丝不动。努力试了几下无果后，它又试着从后面推虫子。可是，无论如何努力，它始终不能拖动虫子。对于它来说，虫子的个头，不啻庞然大物。可是，它始终没有气馁。在再三尝试没有效果之后，它果断放弃了独自搬运虫子，转而向同伴求救。它快速跑回洞里，叫来了同伴，一起努力把虫子搬了回去。

看了蚂蚁的动作，你得到了什么样的智慧？如果你是蚂蚁，会怎样去做？是否会因为面对的是庞然大物，而放弃了搬运？或者，等待在虫子面前，苦思冥想？《圣经》里面想要告诉我们的是：如果想要得到成功，你就必须要收起等待，拿出行动。那只蚂蚁就一直在行动。无论困难有多大，它始终没有轻言放弃，而是以一颗健康的心态，积极、乐观、勤奋地付出行动。它没有坐着等待，因为它知道，无论等待多久，那只虫子也不可能自行爬到家里。

是的，无论做什么事，如果坐着等待，成功都不可能从天而降。在等待中困难可以自行解决吗？不能！在等待中，技术难道可以自然娴熟吗？当然也不能！在生活中等待，我们就会与生活脱节；在工作中等待，那么成功就会离我们而去。想要在等待中成就事业的人，就只能永远做一个成功的梦。只是，那个梦想始终无法成真。

在某种程度上，寄希望于等待而获取成功的人，就类同于白吃午餐的人。他们不愿意付出，不愿意拿出行动，只想坐享其成。这样的人，永远无法获得事业上的成功。

从前，有一个富翁年岁已大，除了留下万贯家产给子孙外，他还想留下些真正能万世传家的东西。于是富翁派人四处贴出布告，征求有学问有智慧的聪明人到他的庄院。他许下了重金，一时应试者云集。

经过仔细筛选，他从几百个前来应试的人当中留下了10个人。这10个人无一不是博学多才之人。富翁对他们说："我给你们一年时间，请你们帮我编一本智慧录，我想留给后世子孙。"

这样的工作，对于那10个人来说，简直是太容易了。于是，他们就在庄上住了下来，也很努力很认真地做着这份工作。很快，一年期限到了，他们完成了洋洋洒洒6大卷。在这6大卷书中，他们借古喻今，罗列出来很多古今智慧。在他们看来，这绝对是一本智慧语录。

哪知道，富翁翻了翻说："我相信这些都是智慧精华，但它太多了，我担心我的子孙会没兴趣读，请你们浓缩一下。"

一个月后，这些人经过删减，将6大卷文字浓缩成一卷。富翁看了看还是认为字太多了，请他们再浓缩。

于是，这10个人继续在富翁舒服的庄院住了下来。他们每天讨论该删除哪些字句，需要保留哪些字句。慢慢地，他们将那一卷文字浓缩成一章，再浓缩成一节，之后再浓缩成一段，最后

只剩下一句话。

很快，富翁看到了这句话。他很满意，笑着对那10个人说："这真是古今所有智慧的结晶啊！"

最后留下来的这句话是：天下没有白吃的午餐。

朋友，我们一定要明白这样一个道理：如果想要偷鸡，那么我们需要先行动起来，准备一把大米。就算是我们想要蹲在路边或者天桥上当乞丐，那也需要准备个破碗，然后黏着来来往往的路人。这些，不都是行动吗？如果只是等待，没有行动，那么我们去做乞丐也会饿死。有行动有付出，才会有收获。富翁最后留下来的那句话，确是人生最大的智慧：天下没有白吃的午餐。如果想要坐着等待成功的到来，那么，你就是一个想要白吃午餐的可怜虫。

所以，请不要坐着不动等待奇迹的降临，因为那样，你只会等到生命静悄悄地流失。你必须要学会收起等待，拿出行动。

迈克是一个平凡的上班族，一直平平淡淡地过着日子。40岁那年，他忽然做出一个疯狂的决定：他向公司提出了休年假的请求，把身上仅有的几块钱捐给街角的流浪汉，只带了几件干净的衣服，从风景优美的加州，靠搭便车与一群陌生人横越美国。他的目的地，是美国卡罗莱纳州的"恐怖角"。

这个决定，是他在仓促之间做的。在他的性格中，有着极为懦弱的一面。他害怕失去很多东西：怕美丽的女友不再爱自己；怕公司老板炒自己的鱿鱼；怕一觉睡下去就不会醒来；怕自己老无所依。诸多的恐惧，使他精神恍惚，快要支撑不下去了。就在这个时候，他忽然想到了这个主意。他想要用选择北卡罗来纳州的恐怖角，作为自己最终的目的，他要用恐怖角征服自己内心的恐惧。

想到这个主意以后，他马上就采取了行动。在临上路前，这个已经40岁的男人，还接到了奶奶的纸条："你不能去！如果你就这样去了，在路上你一定会被人杀掉。"可是，他却没有被奶奶说服。他告诉自己："我已经等到40岁了，可是还是无法克服自己内心的恐惧。既然如此,为什么不行动起来,好好搏一次?”

他真的搏成功了!四千多公里路,80顿饭,依赖82个好心陌生人的帮助,他终于得到了自己想要的。一路上,他没有接受任何金钱的馈赠,在雷电交加中睡在潮湿的睡袋里,也有几个像抢匪之类的家伙使他心惊胆战。但是,无论其间如何艰苦,他最终还是来到了恐怖角。接到女友寄给他的提款卡时,他开心得恨不得跳起来。他不是为了证明金钱无用,只是用这种正常人会觉得“无聊”的艰辛旅程来使自己面对所有恐惧。

恐怖角原来并不恐怖,那只是一种写法上的失误。迈克终于明白了:原来自己一直恐惧,一直害怕失去很多东西,不是恐惧死亡,而是恐惧生命。他用这次行动,真正地为自己清扫了恐惧。

我们可以想象,迈克以后的生活,肯定会更加幸福。因为,他的生活中,再也没有了恐惧。他是如何消弭自己的恐惧的?他用真正的行动,在通往恐怖角的路上,解除了自己的恐惧。40岁之前,他一直都生活在恐惧之中。但是,因为等待,使得他一直与恐怖为伴。他最终下定决心,放弃等待,拿出行动。是他的这次行动,使他最终战胜了恐惧。可想而知,如果他听从了奶奶的劝告,放弃了这次行动,那么等待他的,还将会是无休止的恐惧折磨。当然了,我们并不是鼓励读者朋友们放下工作,前去冒险。我们的真实意图,只是想告诉大家:当有了很好的计划的时候,一定要拿出行动。等待,永远不会给我们带来我们想要的结果。

在工作中,我们是否放弃等待,拿出行动了?我们需要这样做!

## 4. 再等下去，你的事业就完了

《鸟类世界》一书中记载着一种海鸟，它们能飞过太平洋，靠的仅仅是一小截树枝。飞行的时候，它们把树枝衔在嘴里，从来不会丢弃。累的时候，它们就把树枝放在水里，然后站在上面休息一会儿；饿的时候，它们就站在上面，捕食海面上的小鱼小虾；困了，它们就站在树枝上面休息一会儿；就算遇上大风大浪，它们也毫不畏惧，继续衔着树枝在海面上奋勇前进。它们是这样的弱小，但是谁又能想得到，这些小小的鸟儿，飞越太平洋，依靠的仅仅是一小截树枝和一股前进不止的意志？

试想：如果它们总是等待着好的天气，等待着搭上顺风船前往大洋的彼岸，那么它们还有可能成功越过太平洋吗？没有可能！它们的成功，就在于勇敢无畏的行动。太平洋在它们面前，无疑是一个极大的困难，是一个天堑，是一个难以逾越的鸿沟。可是，在这样巨大的困难面前，它们却不肯等待，毅然衔起一根小小的树枝就出发了。因为，它们明白这样一个道理：等下去，将永远不会有越过太平洋的机会。

想想我们自己，在工作中，是否很好地饰演了“海鸟”的角色？那种可敬的海鸟从来不肯因为困难而退缩或等待，那么我们呢？有没有收起自己的拖沓，藏起自己的徘徊，奋勇前进？我们已然讲过很多次了：工作经不起等待。可是，我们真的了解到等待对于工作的危害了吗？如果细心思索，这种危害就会变得很明显了。

当你热情饱满的时候，等待，会让你的热情之火慢慢暗淡；当你雄心勃勃的时候，等待，会让你的信心慢慢减退；当你越来越满足不了工作需要的时候，等待，会让你的脚步越来越慢；当机遇与你擦肩而过的时候，等待，会让你错失良机……你还需要去思考等待会为你带来什么吗？在很多时候，等待往往不会为你带来你想要的东西，反而会让你与梦想背道而驰。如果你还在等待,那我们可以郑重地告诉你:再等下去,你的事业就完了!

约翰是一位成功的体育教练。年轻的时候,他多次参加奥运会,累计获得了超过十枚金牌。运动员生涯结束后,他选择了成为一名体育教练。他对别人说,虽然自己退役了,但自己的人生却永远不会退役。

事实上,成为体育教练,他依然极为出色。在他执教的二十多年里,他先后培养出了11位世界冠军。

有一天,在一次训练过程中,他的一位学生问他:"教练,大家都知道你很成功。我想知道,你认为一个人要成功,最重要的是什么?"

"永远不要奢望球会自动跑到你的脚下。"约翰淡淡地对他的学生说。

看着学生迷茫的神情,约翰补充说:"我们是足球运动员,所以必须明白那射门一脚的重要性。那一脚,往往决定了我们最终的成败。可是,怎样才能成功踢出那一脚?这需要我们要不断地训练球技,要在球场上不断地与其他球员争夺。可以说,从成为足球运动员的那一天起,我们就必须得行动起来,不能停滞,直至最终退出球场。我想告诉你的是,要想成功,就不能心存侥幸,不能等待。没有足够的行动,那个球永远不会自行跑到你脚下。"

学生若有所思。

没错,生命不息,奋斗不止。无论做什么事情,要想成功,我们就不能等待,而是必须要行动起来。因为等下去,我们将无法做成任何事情。

整个职场,其实就是一个竞技场。我们每一个人,从进入职场的那天起,就已经投入到比赛中去了。我们一直在和别人比赛。比赛什么呢?比工作成果,比事业成就……如果我们选择了等待,而别人却选择了行动,那么,我们还有胜算吗?不会有的!就算我们不被别人比下去,也会被时间比下去。工作经不起等待,再等下去,我们的事业,真的就完了。

如今的赵兵，可以用事业有成来形容。他在一家外企任首席财务官，事业是顺风顺水。

在成为首席财务官之前，他曾一度穷困潦倒。进入这家外企之后，他工作非常拼命，并很快做出了突出的成绩。从那时起，老板开始赏识他，并开始提拔他。他从普通员工做起，很快升为财务部主管，财务部经理，直至成为公司的首席财务官。

可是，成为公司的首席财务官以后，拿着丰厚的薪水，驾着公司配备的专车，住着公司购买的豪宅，他在生活品质得到了很大提升的同时，心态也发生了很大的变化。他的工作热情一落千丈，再也不思索着如何前进，而是把脚步停留在享乐上面。他的理念是：在这家公司里，我已经达到顶点了。再往上爬有点儿困难，因为公司最高层，全是董事长的直系亲属。所以，我只能站这里，等待着奇迹的到来。当然了，我也想停下来，好好享受生活。

因为等待，在他成为首席财务官的两年时间里，他毫无寸功，没有干出一点儿值得一提的业绩。相反，他曾经有过的工作激情，也在等待中慢慢消磨殆尽。朋友善意地提醒他："该动一动了，你不能总是站在这里，却不向前迈出一步，这样会很危险的。"

没想到，他却说："没关系，我是公司的功臣。公司离不开我，不会有什么问题的。"

真的没有问题吗？当有一天早上，他驱车赶到公司上班的时候，等待他的，却是一纸辞退通知书。他从一个职场天骄，转而落到了地上，又成为一个一无所有的失业者。

我们不要总记得"曾经"，无论曾经我们多么能干，无论曾经我们面临着多么大的困难，但是，那些都已经成为过去。那些路，我们已然走过。我们现在最重要的，是要走好脚下的路。记住，要往前走，不要回头观望，更不要等待。因为等待对于我们来说，没有任何意义。赵兵就是一个极端的例子，他在走向人生辉煌的道路上，停止了脚步，选择了等待。他在等待什么呢？怕是连他自己都不清楚。也许他在等待奇迹的到来，让自己可以百尺竿头，更进一步。但是，他却忘记了，没有行动就不会有结果。他最终没有等来奇迹，却等到了事业的没落。

其实，这才是最合理的结果。

在时代发展一日千里的今天，只有抱着永争一流、总是站在队伍最前面的心态，不断实现自我从优秀到卓越的跨越，我们才能不断前进，不断提升自己，成为职场中的常胜者。从根本上说，习惯于等待的人，就如同是逆水中的船儿，只能等到被河水冲走的命运。

那么亲爱的朋友，当你在抱怨自己事业无成的时候，是否想到了，这一切，皆是因为等待所致？记住，工作经不起等待，再等下去，你的事业就真的完了。

## 5. 马不停蹄前进，漂漂亮亮成功

成功需要行动，需要付出，这是毋庸置疑的。但是，要怎样努力？怎样付出？这也是个值得思考的问题。在这里，我们想要告诉大家的是，成功需要全身心地付出。我们需要认准目标，马不停蹄地走下去。在通向成功的路上，我们必须学会披荆斩棘，奋勇向前。我们甚至不能停住前进的脚步，不能徘徊不前。因为，我们必须比别人更早、更勤奋地努力。如果我们不能抢先一步，那么就极有可能倒在对手脚下，而无法品尝到成功的甜美果实。

我们经常会看到很多人，他们每天豪情满怀地喊着“我要成功”。那号子喊得轰轰烈烈，我们甚至会为他们的激情而感动。可是，喊过号子之后呢？有人开始为这一口号而付出了行动，但是还有些人，却停住了前进

的脚步。他们在等待，在等待着成功如同馅饼一样从天而降。

可能吗？不可能！

行动与不行动，会导致两种截然不同的结果。当别人马不停蹄地前进的时候，我们却站在原地，悠哉游哉地欣赏风景。别人在付出，我们却在等待。那么，谁能成功，还用得着思考吗？

我们一定要明白：从站着等待的那一刻起，别人就已经领先了我们一步。成功的路上，没有任何捷径可言。只有坚持不懈地努力，马不停蹄地前进，我们才能比别人更快达到成功的顶点。所以，无论什么时候，我们都要抓紧一切时间，一刻也不能放松地前进。马不停蹄地前进，会让我们在已经靠前的位置上更加靠前，快速接近成功。

或许，当我们马不停蹄地取得成功果实时，别人还在原地犹豫徘徊，等待观望呢！

很久以前，在一个村子里生活着两个兄弟。这两兄弟都非常能干，一起侍弄着屋后的土地。一天夜里，上帝同时托梦给他们：谁能坚持在屋后的土地里种苜蓿并通过他的考验，就派使者送给他忍者至尊的金冠。

第二天醒来，回想起梦中的情境，兄弟俩异常开心。他们开始在地里种苜蓿，因为他们都想得到上帝送来的金冠。那是多么大的荣耀啊！

日子过得很快，转眼间，5年时间过去了。兄弟俩很卖力地种植苜蓿，却始终没有等到上帝派来的使者，更不用说金冠了。弟弟实在忍不住了，他对哥哥说："我们不能再这样等待下去了。5年了，我们从少年变成了青年，却什么也没有等到。我们应该离开这里，不能把年轻的生命荒废在这片苜蓿地里。"

哥哥听了弟弟的话，摇头对弟弟说："兄弟，你太没有耐心了，既然上帝说过会来，我们就要耐心等待。总有一天，他会给我们送来忍者至尊的金冠的。"说完，他又低头翻着那块土地。

哥哥的话，并没有打动弟弟。他还是认为，不能把自己的青春都浪费在毫无意义的等待上。于是，弟弟独自走了。

时间飞逝而过，很快10年过去了，20年过去了。哥哥始终没有出去,他一直在侍弄着屋后的那块土地,种植着苜蓿,并等待上帝使者的到来。而弟弟呢,他走出了村子,闯入了外面的世界。他做过店小二,做过补鞋匠,做过小商贩……他很聪明,也很能干,几年之后就成为一个山货老板。再后来,他扩大了自己的经营,成为名噪一时的大商人。他的日子,虽然有苦有涩,却很充实。

终于,上帝的使者来了,那一年,哥哥70岁,已经白发苍苍,老态龙钟。使者把金冠送给了哥哥,并对他说:"恭喜你,你通过了上帝的50次考验。你的耐力超过任何一个人,现在,我授予你忍者至尊金冠。"

接过金冠,哥哥哭了,他对赶回来看望自己的弟弟说:"弟弟,你的选择是对的。我等了这么多年,但是上帝欺骗了我。只有马不停蹄地前进,才能漂漂亮亮地成功。等待,留给我的只能是懊悔与遗憾。"

第二天,哥哥去世了。他忍受了一生的孤苦寂寞,最后得到了金冠,却没有来得及真正戴上过一天。

在工作中,我们总是在等待,那么,我们到底在等什么?是在等待上帝给我们送来"忍者至尊金冠"吗?朋友,看了这个故事,如果你还是想要得到忍者至尊金冠,那么就注定了你只能成为职场里的失败者。在生活中、工作中,永远不会有"忍者至尊金冠"的出现。你的等待,只能换来无尽的懊悔与遗憾。当回过头来,发现因为等待,自己已经失去了太多的可能时;当你后悔不迭,一个劲儿地用"如果"来表达自己懊悔的心情时,你可能已经失去了太多的机会。

所以,无论任何时候,千万不要让等待成为我们后悔的理由。不管明天会发生什么,现在才是我们拥有的唯一时刻,也是我们所能控制的唯一时光。因此,把握现在,好好努力,莫要等待。马不停蹄地前进,才能漂漂亮亮地成功。

曾经,在美国洛杉矶郊区,有一个15岁的没有见过任何世面的孩子。

这个孩子很聪明，他以自己15岁的人生经历，明白了一件事情：那就是，人生经不起等待。为了让自己避开“等待”，他拟了一个表格，表上列出了自己的梦想清单：到尼罗河、亚马孙河和刚果河探险；登上珠穆朗玛峰、乞力马扎罗山和麦特荷恩山；探访马可·波罗和亚历山大一世走过的路；主演一部像《人猿泰山》那样的电影；驾驶飞行器起飞降落；读完莎士比亚、柏拉图和亚里士多德的著作；谱一部乐谱；写一本书……

他很细心，把每一项都编了号，共有127个目标。

朝着自己的目标，他开始了行动。16岁那年，他和父亲到了乔治亚州的奥克费诺基大沼泽和佛罗里达州的埃弗格莱兹去探险。这一次，是他首次完成了表上的一个项目。从此以后，他一发不可收拾，逐一朝着自己的目标展开了攻势。无论完成表上的目标需要付出多么大的努力，他从来不曾松懈，更没有一刻的等待。他知道，只要马不停蹄地走下去，就一定可以实现所有的目标。如果中途等待，则有可能会半途而废。

他的一生，没有在等待中度过，总是尽最大努力实现一个目标之后，又马不停蹄地朝着下一个目标努力。59岁时，他完成了127个目标中的106个。

这个美国人叫约翰·戈达德，一生之中获得了一个探险家所能享有的所有荣誉，其中包括成为英国皇家地理协会会员和纽约探险家俱乐部的成员。

成功来自于努力。要想比别人更勤奋更努力，最重要的一点，就是要坚持不懈，永不松懈地向着目标前进。想想看，如果绕开了等待，我们能比别人多抓住多少时间，多把握住多少机会，多增长多少才干？我们无法想象！计算下来，这将是一笔天文数字的财富。而这些，足够支撑我们在职场中漂漂亮亮地成功。

人生经不起等待，工作也经不起等待。遇到机遇时莫徘徊，遭到困难时莫灰心，抖擞精神，拿出自信，跨过等待，解决这些问题将变得轻松起来。我们想要漂漂亮亮地成功吗？很简单！马不停蹄地前进，收起等待！